化学工业出版社"十四五"
普通高等教育规划教材

生态素质
教育系列

华南城市公园
常见动植物

罗　连　丁明艳　林石狮　主编

U0389795

化学工业出版社
·北京·

内容简介

本书立足于华南地区，从游客的角度出发，探讨城市公园的动植物多样性，为游客逛公园，观察动物和植物提供参考。介绍了华南典型城市公园的概况；从如何看动物、植物入手，介绍常见动物、植物种类；最后给出一年中各时段开花植物种类及部分城市公园导赏。本书提供了丰富的动植物生态照片及动植物特征介绍，可供生态、园林、园艺相关专业、各类自然学校及教育机构动植物识别，生物多样性等课程教材使用，更是热爱逛公园、热爱观察自然的广大市民朋友的"宝典"。

图书在版编目（CIP）数据

华南城市公园常见动植物/罗连，丁明艳，林石狮
主编. —北京：化学工业出版社，2023.1
（生态素质教育系列）
ISBN 978-7-122-42448-8

Ⅰ.①华… Ⅱ.①罗…②丁…③林… Ⅲ.①城市
公园-动物-介绍-华南地区②城市公园-植物-介绍-
华南地区 Ⅳ.①Q958.526②Q948.526

中国版本图书馆CIP数据核字（2022）第208993号

责任编辑：李 丽　　　　　　　　　　装帧设计：张 辉
责任校对：王 静

出版发行：化学工业出版社（北京市东城区青年湖南街13号　邮政编码100011）
印　　装：涿州市殷润文化传播有限公司
850mm×1168mm　1/32　印张13³/₄　字数366千字　2023年1月北京第1版第1次印刷

购书咨询：010-64518888　　　　　　售后服务：010-64518899
网　　址：http://www.cip.com.cn
凡购买本书，如有缺损质量问题，本社销售中心负责调换。

定　　价：88.00元

前 言

　　动植物是生态系统中重要的组成部分，也是我们人类最易接触和观察到的生物类型。记录它们的生活和成长是苦乐参半的过程，充满痛苦与狂喜：有时候为了获取两栖动物的照片大半夜打着手电筒搜索，没想到小可爱们已经在溪涧岩石缝间嬉戏打闹许久；有时候为了拍摄鸟类取食照片，不惜顶着烈日举着相机在公园里守上大半天却颗粒无收。有一次在海滨公园拍摄公园观花植物遭遇狂风暴雨，等风雨停了，鲜艳的凤凰木花朵早已落红一地，但我们意外地收获了雨后彩虹下红树林滩涂的壮美……我们相信，只要愿意等待和守护，大自然绝不会辜负我们。

　　本书旨在以通俗易懂的语言和公园现场拍摄的照片，向读者介绍最常见的300多种动植物名称、识别要点以及相关的一些有趣的故事，希望借此书能唤起更多人对动植物本身乃至生态系统保护的关注。

　　本书是生态、园林、园艺相关专业建设的成果，既可作为植物识别、生物多样性相关课程的教学用书，也可作为各级自然学校、科普教育基地、生态科普社团的教学用书，还可作为生态园林行业相关人员的参考用书，更是广大市民朋友逛公园的随身"宝典"。

　　本书编写团队涵盖动物、植物专业人员。第1章、第4章由罗连编写，第2章2.1由李远航编写，2.2、2.3、2.4由苏洪林编写，2.5、2.6、2.7、2.8由林石狮编写；第3章3.1由李钱鱼编写，3.2由何卓彦编写，3.3、3.4、3.7、3.8由丁明艳编写；3.5、3.6由罗连编写。植物部分照片由罗连、丁明艳提供；动物部分照片由苏洪林、罗连、李远航、曾昭驰、王健提供。感谢赵晓桦、黄丹丹、梁晓彤、胡巧萍、林丽旋、肖琳、黄金强同学帮助整理资料。由于编者水平有限，书中难免疏漏，欢迎读者指正。

编者

2022年5月

华南城市公园
常见动植物

目 录

3　我国华南城市公园常见植物　　127

1

我国华南城市公园概况

我国华南气候炎热多雨，植物生长茂盛，种类繁多，动物种类冠于全国。本区气候宜人，最冷月平均气温 ≥10℃，极端最低气温 ≥-4℃，日平均气温 ≥10℃ 的天数在300天以上。多数地方年降水量为1400 ~ 2000毫米，是一个高温多雨、四季常绿的热带 - 亚热南带区域。

2020年，华南有城市绿地面积693199公顷，其中公园绿地156150公顷，城市公园5520个，面积118556公顷，建成区绿化覆盖率平均为42.5%，如表1-1所示。全国公园数最多的十大城市中，广东占了5个，分别是东莞、深圳、广州、佛山和珠海。华南部分城市公园数量见表1-2。

表 1-1　2020 年华南城市绿地和园林统计表

地区	城市绿地面积 /公顷	公园绿地面积 /公顷	公园数量 /个	公园面积 /公顷	建成区绿化 覆盖率/%
全国	3312245	797912	19823	538477	42.1
广东	525545	114965	4330	84736	43.5
广西	74719	16332	346	15222	41.3
海南	17652	4090	128	2469	40.6

地区	城市绿地面积 /公顷	公园绿地面积 /公顷	公园数量 /个	公园面积 /公顷	建成区绿化 覆盖率 /%
福建	75283	20763	716	16129	44.6
华南合计	693199	156150	5520	118556	42.5

注：数据来源——中国统计年鉴2021。

表 1-2　华南部分城市公园数量

省区	城市	年份	公园数量 / 个
福建	厦门	2020	165
	福州	2021	1500
广东	广州	2020	270
	深圳	2022	1238
	佛山	2022	208
	珠海	2020	733
	汕头	2020	36
	梅州	2020	34
	河源	2019	80
	阳江	2021	79
	湛江	2018	54
	东莞	2022	1226
	江门	2019	1536
	惠州	2021	234
广西	柳州	2022	254
海南	海口	2022	113

　　城市公园植物植物种类繁多。2012年，广州市有园林植物2078种（含变种、品种等），隶属232科，1031属。10年过去了，园林植物种

类则更有增加。据文献调查，各地城市公园植物种类多在两三百种之间，多的则有七八百种，如表1-3所示。可见，公园植物种类丰富。

表1-3 华南部分城市公园园林植物种类数量表

省区	城市	园林植物种类/种	文献年份
澳门	澳门	495	2006
福建	福州	901	2017
福建	永安	178	2017
福建	龙岩	380	2012
广东	广州	572	2013
广东	深圳	750	2006
广东	东莞	810	2011
广东	佛山	405	2020
广东	珠海	267	2012
广东	江门	237	2014
广东	惠州	228	2019
广东	茂名	234	2021
广东	湛江	183	2017
广西	贵港	334	2019
广西	钦州	292	2013
广西	东兴	275	2016
广西	南宁	549	2012
广西	广西	494	2009
海南	海口	298	2012

作为公园主体的植物，受到了人们的精心养护，呈现出各自的独特的风姿。乔木有的树形挺拔伟岸，如木棉、毛果杜英、南洋杉等；有的树形柔美秀丽，如串钱柳、黄金香柳、黄花夹竹桃等；有的树形奇异，

如扇叶露兜簕、棕榈科植物等；有的繁花似锦，如黄花风铃木、宫粉羊蹄甲、美丽异木棉等；有的浓荫蔽日，如榕树、樟树、秋枫等；有的果实奇特，如吊瓜树、假苹婆等。灌木和草本植物也自有特色，有的四季开花，如巴西野牡丹、朱槿、黄蝉等；有的芳香宜人，如茉莉、桂花、含笑花等；有的造型百变，如三角梅、福建茶、假连翘等；有的叶色胜花，如变叶木、红花檵木、黄金榕等；有的叶形奇特，如大叶仙茅、蜘蛛抱蛋、风车草等。藤本植物做花架、篱笆又自有一段风流，常以花形奇特、花多色艳示人，如禾雀花、炮仗花、龙吐珠等。竹类则以形、意为景，如佛肚竹、黄金间碧竹、观音竹等。时花则以花繁、色艳为用，如一串红、苏丹凤仙花、四季秋海棠等。水生植物以水生习性为宜，如莲、再力花、梭鱼草等。

公园中的植物为动物提供了食物、栖息地。作为公园动物，给人们带来更多的生气和灵动，受到游人的喜爱。各种动物有的在水中，有的在地上，有的在树枝，有的在空中，使得公园空间全方位都有了生息。细看水中有锦鲤待饲、天鹅浮游、草龟晒背；地上有蜗牛慢行、蝗虫跳跃、蜥蜴奔跑；树上有松鼠游戏、天牛吸汁、百鸟筑巢；空中有蜻蜓巡航、蝴蝶飞舞、燕子掠影。各种动物都有自己的特点，让人印象深刻。它们有的鸣声嘹亮，远近皆闻，如夏天的蝉、蛙；有的歌声婉转，清脆悦耳，如红耳鹎、白头鹎；有的锦衣华服，过目不忘，如金斑蛱蝶、红嘴蓝鹊；有的隐匿踪迹，融入环境，如竹节虫、蝗虫。总之，公园动物种类虽不多，但总是为公园增添了一种生动与趣味。

逛公园已经成为民众日常休闲的重要活动。在逛公园之余，在熟悉的景点，看到熟悉的植物，熟悉的动物，却无法直呼其名，这是逛公园的一大憾事。所幸，近年各地公园陆续给重点树木挂上标识牌，人们对公园植物的认识有了一个很好的开端。但是公园挂牌只能给公园中最典型的植物挂上。公园植物种类繁多，动物则行踪难测，单靠挂牌难以满足人们认识动植物的需求。本书植物篇介绍了华南公园中最为常见的200多种植物，涵盖乔木、灌木、草本、藤本、竹类、水生植物和时花类；动物篇介绍了常见的100多种动物，涵盖了环节动物、软体动物、节肢动物、鱼类、两栖类、爬行类、鸟类和兽类等。本书图文并茂，使游人游园时可按图索骥，查出眼前动植物种类，叫出它的名字，有个初步认识。此外，本书还搜集了动植物的故事，使游人在认识动植物以外，还能了解到动植物在生物学以外的知识，增加了动植物的趣味性，也更能激发游人的求知欲。

2

我国华南城市公园常见动物

城市公园中既有丰富的植物种类，也有为数不少的动物。大量的植物为动物提供了栖息的环境，丰富的食源。它们都是我们共同的邻居。

一般来说，城市公园的面积越大，生物多样性越高；地形越复杂，生物多样性越高；人工维护程度越低，生物多样性越高；植物种类越多，动物种类也越多。

但是，城市公园是高度人工化的产物。从建设开始，就或多或少地进行了地形改造，完全重建了原来的生境。在陆地上，把原来的地面重新建成了广场、绿地、道路、建筑、设施等等；只有面积较大的自然山体得到部分保留；水体则通常得到较大程度的保留，但增加了游船等水上娱乐活动。可以认为，城市公园是重新塑造了一个生态系统。

陆生生态系统通常以植物作为基底，植物的种类决定了动物的种类。在重建的城市公园生态系统中，植物种类主要为园林植物，它们有以下几个方面的特点：

（1）植物种类结合了乡土植物和外来植物，且外来植物种类多

乡土植物在当地通常具有自然天敌，它们的根、茎、叶、花、果实都孕育着一定的动物种类。外来植物引进为观赏植物，需要逐渐融入当地

的生态系统。作为外来植物，动物取食它们更为谨慎，使它们可孕育的动物种类少。也正因为它们可孕育的动物种类少，在保持观赏效果上更有优势，因而在公园建设时获得了更多的种植机会。因此，同样的植物种类数量，同样的绿地面积，公园绿地比自然绿地的动物种类和数量都更少。

（2）公园植物分布零散，群落结构单一

公园绿地常常被道路分割成不同区域，种植不同植物种类。同时，公园植物群落稀疏，结构单一，通常只有乔木层、灌木层、草本层中的一层或两层。这样，隐蔽需求高的动物种类难以栖息，减少了公园中的动物种类；同时，隐蔽环境的减少，隐蔽需求一般的动物也需要争夺栖息环境，减少了公园中动物的数量。

（3）公园植物维护频率高

修剪、打药、清除枯枝落叶，都会对公园中动物生境造成重大影响。修剪时，部分鸟巢被连带清理，可能造成幼鸟、鸟卵跌落、死亡，成鸟失巢；昆虫虫卵、蛹被连带清理。打药则主要是防治植物害虫，在保护观赏植物的同时，大大减少了动物的种类和数量。

（4）公园游人干扰大

公园游人众多，既有嬉戏的儿童，也有锻炼的老人。走动的人流，播放的音乐，或多或少都对动物造成干扰，加剧了动物生存的压力。

在如此严苛的环境中，依然有一批动物排除万难，坚持在公园中扎下根来，在人类活动缝隙中艰难求生。这里记录了公园中最为常见的一些动物种类，包含鸟兽虫鱼等，旨在为公园中闲逛的人们提供一些指引，更深入的动物学知识则需要从更专业的书籍中去搜寻了。

—————————— 2.1　如何看动物 ——————————

走在公园里，我们常常看到蝴蝶飞舞、蜻蜓巡游；听到蛙声起伏，

鸟语婉转。我们不禁好奇，继而想寻其踪，访其迹。那么，我们在公园里看动物，应该看什么呢？下面就让我们一起按步骤来看公园动物吧！

2.1.1 看生境

生境是动植物赖以生存的生态环境，只有在适宜的生境中，才能看到相应的动植物种类。城市公园的人工干预程度高，生境较为简单。本书将城市公园的生境分为以下9类：

（1）自然群落

自然群落是自然生长的植物群落。部分城市公园中依地形地势特点，结合生物多样性保护的需要，保留有一定面积的自然群落。受城市用地面积所限，群落面积通常不大。群落中通常有林间步道供游人通行。群落中人工干扰程度较低，仅对步道及两侧植物进行维护，群落内部维持自然状态。这些群落通常由乡土植物组成，群落结构丰富，是森林动物的主要栖息地。动物种类有噪鹛、棕颈钩嘴鹛等。

（2）园林树丛

园林树丛是城市公园中用各种造景手法设计栽植形成的成片植物，起造景、遮阳等作用。园林树丛的结构相对简单，通常由几株到几十株乔木组成，其下由地被覆盖，有时则为硬质铺装。园林树丛受人工干扰较大，游人可在树丛中穿行、游玩，园方也会对树木及地被进行养护管理。动物以伴人种类为主，如树鹨、珠颈斑鸠等。

（3）行道树

行道树是种在道路两旁及分车带，给车辆和行人遮阳并构成景观的树木。行道树生境呈线状，窄而长。受人工干扰较大，游人、车辆在中间穿梭，并每年进行必要的修剪。动物以伴人的种类为主，如白头鹎、红耳鹎等。

（4）灌木丛

灌木丛是用灌木按一定的造景手法设计栽植形成的一组植物，可以由一种或多种植物组成。由观花灌木组成的灌木丛花量大，花期长，可有效吸引蝴蝶等食蜜动物；由观叶灌木组成的灌木丛通常密植形成地被、绿篱，可为爬行动物等提供隐蔽环境。为维持灌木丛的造型，或者促进灌木丛开花，常常需要进行修剪，人工干扰程度很大。

（5）草坪

草地是用多年生矮小草本植株密植，并经修剪的人工草地，通常空旷。园方常需要修剪草坪，保持植株低矮、整齐；游人经常进入草坪休憩，人工干扰程度极大。草坪低矮，地下昆虫种类多，常吸引乌鸫、鹊鸲等前来觅食。

（6）水体

水体包括湖、池、河、溪、人工瀑布等。人工瀑布水流急，水经过管道提升后跌落，水体内几无裸眼可见的动物；其余水体则可见各种水生动物、游禽等。开展水上文体活动的湖、河、溪，人工干扰较大。

（7）水边及湿地

包括各种水体的边缘浅水处、湿地及岸边等水陆交界区域。沿湖、河、溪通常有园路或栈道，游人通行，因此水边及湿地的人工干扰较大。主要吸引以水生动植物为食的动物，如白鹭、普通翠鸟等。

（8）人工设施点

人工设施点包括建筑、展示牌、指示牌、垃圾箱、桌椅等，通常为游人提供休憩、补给、娱乐、科教等等服务，人工干扰极大。主要吸引动物站在高处觅食、休憩。常见的种类包括珠颈斑鸠、长尾缝叶莺等。

（9）花丛

花丛在这里指因应节日临时种植或摆放的观花景观，如春季的油菜花海，国庆的花坛等。受人工影响极大。主要吸引访花动物，如蝴蝶、蜜蜂等。

2.1.2 看习性

动物的习性是指动物长期在某种环境中逐渐养成的特性，是动物进化历史中长期适应环境的结果。动物的习性多种多样，对于观察公园中的动物而言，主要从以下五个方面进行。

（1）食性

所有动物都要取食。有的动物植食性，取食植物的器官或者吸食植物汁液；有的动物肉食性，取食其他动物，特殊情况下也会取食同类其他个体；有的动物腐食性，取食腐烂的动植物残体；还有的动物杂食性，既取食动物，也取食植物。有的动物在不同季节根据食物来源变化而调整食性，如有些鸟类春夏取食昆虫，秋冬取食植物果实和种子。

（2）繁育

动物常常为繁育使出浑身解数。繁育期的动物外表最为绚丽多彩，行为也最为活跃，是最容易观察的时期。如雄性变色树蜥繁育期头颈肩部，有时整个背面全为鲜红色，颈、颊、喉部散有黑斑，颜色特别艳丽。牛蛙在繁育期高声鸣叫，远近可闻。

（3）社会性

有些动物特立独行，通常只能见到一只动物活动。如棕背伯劳，通常可见其独立枝头。有些动物结群生活，如树麻雀，通常看到一群麻雀在地上觅食。单独生活或结群生活的动物，在繁育期都可能结对活动。

（4）进攻与防御

动物既要取食，又要防止被取食，因而有自己的进攻和防御策略。在进攻方面，动物们通常遵循快、准、狠的原则。在防御方面，动物们则各显神通。有的动物学习隐身术，将自己的颜色与环境保持一致；有的动物有鲜艳的颜色或斑纹，警戒其它生物"我有毒"；有的无毒动物则浑水摸鱼，模拟有毒动物的外形。

（5）迁徙

有的动物有迁徙习性，最典型的是鸟类。华南地区气候温暖，除终年留守的留鸟外，还有过境或到此越冬、越夏的候鸟。因此，春、秋两季观测到的鸟类种类较多。

2.1.3　看动物习性与生境的关系

动物的习性是在特定生境中长期形成的，生境为动物提供了觅食、活动、栖息的场所。在不同的生境中，动物种类差别很大。如在水体中，生活着终身在此的鱼类，也生活着蜻蜓、蛙类的幼体，还生活着在此觅食的渔游蛇、游禽；在水边和湿地，生活着取食水生动植物的鸟类，也生活着需要保持身体湿润的蛙类、软体动物；在开阔的草坪、灌木丛，则生活着在此觅食的鸟类、昆虫；在园林树丛和行道树，生活着伴人种类，如白头鹎、暗绿绣眼鸟等；在自然群落，则生活着对人为干扰较为敏感的黑领噪鹛、八声杜鹃等。

熟悉了城市公园中的生境，了解了动物的习性，理解习性和生境的关系，我们就可以开始观察和欣赏形态各型、习性不同的丰富多样的动物啦！

2.2　常见蝴蝶

蝴蝶是昆虫纲，鳞翅目下的一个类别统称，是公园最为炫丽的动物，常常吸引游人的注意。蝴蝶是完全变态昆虫，一生需要经历卵、幼虫、蛹和成虫四个发育阶段。其中，成虫阶段即为我们常见的飞舞的蝴蝶，通常取食花蜜、树汁、清水或其他汁液。蝴蝶通常将卵产在寄主植物的植株上。卵孵化后为幼虫，称为"毛虫"，通常取食植物叶、花、果实等，对植物具有一定危害；幼虫需要经历多次蜕皮，然后化为蛹。蛹期外部静止不动，也不取食，但内部正在"变身"，最后羽化成蝶。

在公园中，蝴蝶成虫通常可见于水边、湿地、花丛、灌木丛或者开花的树丛及自然群落中。在每天9:00—16:00为蝴蝶的活动高峰；但弄蝶科和眼蝶科的种类在早晚活动较多。

2.2.1　巴黎翠凤蝶　*Papilio paris*　鳞翅目

【俗名】琉璃翠凤蝶、大琉璃纹凤蝶、宝镜凤蝶

【识别特征】体、翅黑色或黑褐色，散布翠绿色鳞片。后翅有大块翠蓝色或翠绿色斑，斑后有淡黄、黄绿或翠蓝色窄纹，臀斑为环形红斑。

【生活习性】寄主为芸香科植物。偏好白色花，喜于臭水沟群聚嬉戏。一般在常绿林带的高处活动，飞行迅速，警觉性高且少停憩。

【故事】后翅有一块翠蓝色或翠绿色的斑，欧洲人称"翠绿"为巴黎翠，所以巴黎翠是其特征色，也是其种名。

2.2.2 白带螯蛱蝶 *Charaxes bernardus* 鳞翅目

【俗名】樟白纹蛱蝶、茶褐樟蛱蝶

【识别特征】翅正面红棕色或黄褐色，反面棕褐色。雄蝶前翅有黑色外缘带，中区有白色横带。后翅亚外缘有黑带，反面前翅有3条短黑线；雌蝶前翅外侧多1列白色点；后翅中域前半部分也有白色宽带；翅反面中线内侧有许多细黑线。本种色彩及斑纹多变化，尤其是雌蝶。

【生长习性】寄生在樟科、芸香科、豆科植物上。幼虫除在取食期间外，其余时间均固定栖息在叶片正面，颜色与叶面颜色一致。

2.2.3 报喜斑粉蝶 *Delias pasithoe* 鳞翅目

【俗名】斑马粉蝶、花点粉蝶、红肩粉蝶、檀香粉蝶、藤粉蝶、艳粉蝶

【识别特征】前翅正面黑色，有白斑；后翅正面翅基红色，中域白色，被黑色翅脉分割，外缘黑色，分布有白点，臀区漆黄色。前后翅反面同正面。

【生活习性】低龄幼虫群集取食叶片，互叠成团或头靠头同向排列，受惊时则吐丝下垂；高龄幼虫常分散成小群。幼虫群集危害叶片，造成秃枝，严重者可将树吃成光杆。天敌是广大腿小蜂，寄蝇。

【故事】关于名字有两种说法，一是种名"*pasithoe*"源自古希腊语"Πασιθέα"，即帕西忒亚（Pasithéa），是希腊神话中美惠三女神之一，象征风采、美丽和欢乐之义，音译为"报喜"；二是成虫春季出现，有报喜的兆头，故名。

2.2.4 波蚬蝶 *Zemeros flegyas* 鳞翅目

【识别特征】触角细长，黑白相间。翅面绯红褐色，脉纹色浅；有白点，在每个白点的内方均连有1个深褐色斑；前翅外缘波曲，后翅外缘中部突出。翅反面色淡，斑纹清晰。

2.2.5 檗黄粉蝶 *Terias blanda* 鳞翅目

【俗名】亮色黄蝶、台湾黄蝶

【识别特征】胸部、腹部、翅黄色，前翅前缘的黑边通常窄，其内缘模糊，反面底色几乎与正面相同，没有黑色雾点。

【生长习性】幼虫食蜕，在叶背化蛹，老熟幼虫化蛹前先吐丝作垫，然后以尾足钩在垫上，绕中腰后化蛹，蛹倒挂在叶背上。羽化后成虫在低空中飞舞寻找配偶，于灌木草丛中交尾。采食花蜜。

2.2.6 灿福蛱蝶

Fabriciana adippe 鳞翅目

【俗名】紫罗兰螺铀蛱蝶

【识别特征】体型中型略偏大；翅面橙黄色，有黑色斑纹；雄蝶前翅有4条弯曲条纹和一列黑色圆斑；后翅有2条黑色斑纹和黑色圆斑；雌蝶翅前翅顶角处有银斑。

【生活习性】喜较干旱环境，以花粉、花蜜、植物汁液为食，寄主植物为堇菜科植物。

2.2.7 翠袖锯眼蝶 *Elymnias hypermnestra* 鳞翅目

【俗名】蝶蓝纹锯眼蝶、紫蛇目蝶

【识别特征】上翅表面蓝紫色，具水蓝色斑纹，翅腹面为较单纯的棕褐色；雌蝶下翅表面具3枚白色小点，雄蝶则无；有灰白色鳞片。

【生活习性】有时会拟态紫斑蝶或者金斑蝶。喜访花、吸水与吸食腐果。

2.2.8 稻眼蝶 *Mycalesis gotama* 鳞翅目

【俗名】黄褐蛇目蝶、日月蝶、蛇目蝶、短角眼蝶

【识别特征】翅面暗褐至黑褐色，背面灰黄色；前翅有黑色蛇眼状圆斑，前小后大，后翅反面也有蛇眼圆斑。

【生活习性】白天飞舞在花丛或竹园，晚间静伏在杂草丛中，趋光性。成虫交尾后把卵散产在叶背或叶面。寄主植物为稻、茭白、甘蔗、竹子等。

【故事】稻眼蝶的幼虫毛毛虫因为长了张类似Hello Kitty的脸，让其在日本大为受宠。

2.2.9　钩翅眼蛱蝶　*Junonia iphita*　鳞翅目

【俗名】黑拟蛱蝶

【识别特征】翅膀表面黑褐色，翅端具钩状，外缘线黑色，后翅有一列眼纹，眼纹内有小黑点。

【生活习性】幼虫体表多棘刺，成虫喜欢赏花、吸食树汁、腐果，体色近似枯叶或树皮，保护色佳。

2.2.10 虎斑蝶 *Danaus genutia* 鳞翅目

【俗名】虎纹青斑蝶，拟阿檀蝶，黑条桦斑蝶

【识别特征】翅腹面鲜橙色，翅脉和翅缘黑色，边缘有两行小白点，前翅端黑褐色，有大的黑色区，区内有一条由5个相邻的白色棒状白斑组成的白色斜带。

【生活习性】喜在阳光下活动，访花吸蜜。幼虫有时会吃有毒的天星藤，积聚毒素，被天敌咬伤或蜇伤后释放以反击。翅色彩艳丽，起警戒作用。

2.2.11　幻紫斑蛱蝶　*Hypolimnas bolina*　鳞翅目

【俗名】幻蛱蝶，琉球紫蛱蝶

【识别特征】躯体黑褐色，腹侧有许多白点。翅旁背面的紫蓝闪斑色彩变幻。

【生活习性】成蝶四季可见，湿季数量较多，有访花性，亦会吸食腐果、树液。有领域性。外形拟态模仿有毒幻紫斑蝶，使天敌难以分辨而避免捕食。

2.2.12 姜弄蝶 *Udaznea folus* 鳞翅目

【俗名】银斑姜蝶、大白纹弄蝶

【识别特征】成虫体长18～22毫米，体翅黑褐色，前翅有5个灰白色斑，后翅中央有一大白斑。

【生活习性】广东年生3～4代。幼虫吐丝缀叶成筒状叶苞，并在早晚转株危害。老熟幼虫在叶背化蛹。以蛹在草丛或枯叶内越冬。

2.2.13　金斑蝶　*Danaus chrysippus*　鳞翅目

【识别特征】成虫翅面橙红色，外缘黑色并有一列白斑点，前翅近顶角有白斜带；后翅中部有三枚黑褐色斑。

【生活习性】喜访花，吸食腐果、粪便、腐尸汁液或湿地吸水。幼虫取食萝藦科植物。

【故事】艺术中描绘的第一批蝴蝶之一，在3500年前的古埃及壁画中出现，是已知最古老的插图。

2.2.14 莱灰蝶 *Remelana jangala* 鳞翅目

【识别特征】成虫翅黑褐色，雄蝶翅基有紫蓝色斑，反面橙褐色，后翅有金绿色细条斑和白色斑。臀角红褐色，尾突两条，雌蝶翅较圆。

【生活习性】幼虫取食山茶科植物。后翅像头，暴露在天敌前时吸引攻击，争取逃脱机会。

2.2.15　蓝点紫斑蝶　*Euploea midamus*　鳞翅目

【俗名】白点紫斑蝶，拟幻紫斑蝶

【识别特征】翅膀黑褐色，前翅泛有的紫蓝色光泽，后翅外缘有两列白点。

【生活习性】活跃于空旷的地方，全年可见幼虫食用有毒植物羊角拗。冬季聚集在树林一起度过寒冬。

2.2.16　蒙链荫眼蝶　*Neope muirheadi*　鳞翅目

【识别特征】翅面黑褐色，前后翅各有4个黑斑，雌翅上大而明显。雄蝶翅上不显。翅反面，有1条棕色和白色并行的横带。

【生活习性】食花蜜、果实、腐败水果。老熟幼虫在枯枝落叶下和表土层越冬。

【生境】竹林、灌草丛。

2.2.17　迁粉蝶　*Catopsilia pomona*　鳞翅目

【**俗名**】果神蝶、淡黄蝶、铁刀木粉蝶、迁飞粉蝶

【**识别特征**】形态多变，翅有纹、无纹或血斑状。翅反面前翅有1眼状斑纹，后翅2个眼斑。触角桃红色。

【**生活习性**】喜访花，雄蝶常集群吸水。飞行极迅速，活动于林缘开阔地。

2.2.18 曲纹紫灰蝶 *Chilades pandava* 鳞翅目

【俗名】苏铁绮灰蝶、苏铁小灰蝶

【识别特征】翅面紫蓝色，前翅外缘黑色，后翅外缘有细的黑白边和黑色窄带。翅反面灰褐色，两翅均具黑边，后中横斑列也具白边。尾突细长，端部白色。

【生活习性】喜在向阳开阔的地方飞舞，以开花植物为蜜源。寄生在苏铁上，成虫羽化后的次日即可产卵，卵散产于苏铁嫩芽上或新叶的背面、柄部。繁殖能力及生命力强，在营养缺乏时仍能正常化蛹、羽化，羽化出的成虫也能正常繁殖。

2.2.19　蛇目褐蚬蝶　*Abisara echerius*　鳞翅目

【识别特征】翅展将近41mm。翅面底色由黑褐色、棕红色到褐黄色，因季节而变化。前翅外域由2条较宽的淡色横带；中室内有1个褐色细斑。后翅外域有一宽二窄共3条浅色横纹，在顶角有2个冠以白色黑斑，臀角域也有2个较小的斑。

【生活习性】成虫静止时翅呈V字形摆放。取食酸藤子等。

2.2.20 蛇眼蛱蝶 *Junonia lemonias* 鳞翅目

【俗名】鳞纹眼蛱蝶，眼纹拟蛱蝶

【识别特征】翅面褐色，前翅有浅黄色斑纹，前后翅黑色眼纹内有紫色瞳点，外有橘黄色环；翅反面颜色稍浅，但斑纹更多。

【生活习性】幼虫取食爵床科植物。

2.2.21　统帅青凤蝶　*Graphium agamemnon*　鳞翅目

【俗名】翠斑青凤蝶、黄蓝樟凤蝶、短尾青凤蝶、黄蓝凤蝶、绿斑凤蝶

【识别特征】体背面黑色，两侧有淡黄色毛。翅黑褐色，斑纹黄绿色；尾突雌长雄短。

【生活习性】寄主植物为木兰科、番荔枝科的植物。成虫喜访红花，吸食马缨丹属植物的花蜜；白天爱停息于矮树林中，成虫飞行快，不易捕捉。

2.2.22　网丝蛱蝶　*Cyrestis thyodamas*　鳞翅目

【俗名】地图蝶、石崖蝶、石墙蝶、石垣蝶、崖胥

【识别特征】呈透白或残旧黄色的翅膀上布满褐色条纹，与翅脉相交如纵横交织的丝网。

【生活习性】飞行缓慢，喜在树顶和石面停留，静止时翅平展。成虫喜吸水、访花、吸腐。终龄幼虫体色与绿叶融为一体，随环境色而变，十分隐蔽。

2.2.23　小眉眼蝶　*Mycalesis mineus*　鳞翅目

【俗名】圆翅单环蝶

【识别特征】成虫翅灰褐色，有明显二型性，春夏为湿季型，眼斑清晰，第三个眼斑最大，内有横纹。秋冬为旱季型，眼斑几近消失，只有小黑黑点，更有利于隐身于枯叶。

【生活习性】幼虫取食芒草等。

2.2.24　优越斑粉蝶　*Delias hyparete*　鳞翅目

【俗名】白艳粉蝶、红纹粉蝶

【识别特征】前翅翅表白色，有1条向外斜的黑色带，后翅白色，外缘有黑色带。

【生活习性】成虫喜温暖、海拔低的山谷，喜访花。雌蝶有集体活动的习性。

2.2.25 玉斑凤蝶 *Papilio helenus* 鳞翅目

【俗名】红缘蓝凤蝶、白纹凤蝶、黄纹凤蝶、玉斑美凤蝶、白纹美凤蝶等

【识别特征】体、翅皆黑色。后翅有3个相近的白色大斑。

【生活习性】成虫飞行急速，喜访马缨丹、臭牡丹和柑橘类植物的花。雄成虫常群集山路湿地或河滩吸食污水。

【故事】玉斑凤蝶下翅两块白斑似两个背对背打坐的小和尚，酷似日本小和尚一休，故称"一休蝶""佛蝶"。

2.2.26　玉带凤蝶　*Papilio polytes*　鳞翅目

【俗名】白带凤蝶、黑凤蝶、缟凤蝶

【识别特征】全体黑色。头较大，复眼黑褐色，触角棒状，胸部背有10小白点，成2纵列。

【生活习性】喜访花，吸水，收集土壤中的矿物质。雌虫会模仿有毒蝴蝶躲避天敌。

2.2.27 中环蛱蝶 *Neptis hylas* 鳞翅目

【俗名】豆环蛱蝶、琉球三线蝶

【识别特征】翅表面黑褐色，斑纹白色，翅展开时显示3列白色带。前翅有一条长形纵带，其前方有一个箭头状斑纹。翅下表面黄色或黄褐色，斑纹清晰，周缘有明显的黑线围绕。

【生活习性】起飞前振翅。吸水时平展双翅；休息时则关合双翅。成虫吸食花蜜，或口器退化不再取食，一般不造成直接危害。

2.3 常见蜻蜓

蜻蜓是无脊椎动物，昆虫纲，蜻蜓目，差翅亚目昆虫的通称。它们经常成群在低空飞翔，在水面"点水"，也是人们常常关注的对象。蜻蜓是半变态昆虫，一生经历卵、稚虫和成虫3个阶段。成虫常通过"点水"的方式将卵产入水中，稚虫又称水虿，在水中捕食其它水生生物，待羽化前爬出水面，即为我们所见的蜻蜓，交配产卵完成生活史。蜻蜓飞行迅速，捕食空中小昆虫，休憩时四翅平展。

在公园，蜻蜓成虫通常可见于水面、水边及湿地、草地等开阔生境。

2.3.1 斑丽翅蜻多斑亚种 *Rhyothemis variegata aria* 蜻蜓目

【识别特征】通体黑绿色，具金属光泽。翅上的斑纹变异较大，雄性翅瑰色具丰富的黑色斑。雌性前翅端部透明。

2.3.2 红蜻 *Crocothemis servilia* 蜻蜓目

【俗名】猩红蜻蜓

【识别特征】雄虫复眼、胸、腹均为红色，腹部背面有一微细黑色线条，翅透明，基部有些许橙色。休息时四翅展开，平放于两侧。雌虫多呈现黄色.

【生活习性】捕食小昆虫，幼虫甚至捕食鱼类。成熟的雄虫藏在水域周围的枝条或草本植物上停栖占据领域，常雌雄成群在水边飞行，交尾后雌虫在水草中产卵。

【故事】体型较大，常见，为各种红蜻蜓文艺作品的原型。

2.3.3　截斑脉蜻　*Neurothemis tullia*　蜻蜓目

【俗名】截斑脉蜻蜓、黑白蜻蜓

【识别特征】翅尖透明，中段白色，基部黑色。有些个体前翅短圆。

【生活习性】成虫发生期4 ～ 9月，栖息于水旁。飞行姿态与蝴蝶相似，飞行能力较弱。

2.3.4 深蓝印蜻 *Indothemis carnatica* 蜻蜓目

【识别特征】雄虫紫黑色，腹部背面有两行黑色纵纹。额金属紫黑色，复眼上紫罗兰色下较淡色。雌虫腹部金黄色，额鲜黄色，复眼上褐下金黄。

2.3.5 网脉蜻 *Neurothemis fulvia* 蜻蜓目

【识别特征】中型蜻蜓；翅大部红褐或黄褐色，仅端部透明；足黄褐色；腹部黄褐色。

2.3.6 小团扇春蜓 *Ictinogomphus rapax* 蜻蜓目

【俗名】粗钩春蜓、环纹卵叶箭蜓

【识别特征】全身黑色，具黄色斑；翅透明，微带淡褐色。

【生活习性】在白昼活动于稚虫生活的环境附近，常在河塘、溪流处飞翔。食物主要是蜉蝣稚虫、蚊类幼虫或同类的其他个体，甚至蝌蚪及小鱼。

【故事】是农业天敌昆虫，也是水质环境的指示昆虫。

2.3.7　晓褐蜻　*Trithemis aurora*　蜻蜓目

【**俗名**】紫红蜻蜓

【**识别特征**】体中、小型。复眼红色，胸部、腹部紫红色，翅基具暗橙色斑，翅为红色。翅脉密。身体大部分为红色，上唇及胫节为黄色。

【**生活习性**】成虫见于5～11月。阳光充沛的炎炎夏日，雄虫经常会把腹部指向阳光，从而减少吸收热力。

【**故事**】翅膀薄、轻盈、透亮，在阳光下夺目，十分漂亮。喜食蚊子，有"灭蚊专家"称号。

2.3.8　异色灰蜻　*Orthetrum Melania*　蜻蜓目

【俗名】灰黑蜻蜓、黑异色灰蜻

【识别特征】雄性全身被蓝色粉霜；头黑褐色；翅透明，翅端褐色，后翅基方具黑褐色斑；腹部末端黑色。雌性主要黄色具大量黑色条纹。

【生活习性】飞向能力强，速度快，较难捕捉；在干燥的地方休息，翅平展。

【故事】仿生照相机就是模仿蜻蜓的复眼独特构造原理制成。

2.3.9 玉带蜻 *Pseudothemis zonata* 蜻蜓目

【识别特征】复眼褐色，面部黑色，额白色；胸部黑褐色，翅透明，腹部主要黑色，雄性第2~4节白色，雌性黄色；雌性前额黄色。

【生活习性】飞行能力强，加速度极快，雄蜻占有有利的领地捕食其他昆虫；雌虫产卵时，雄虫有护卫行为。

【故事】领地意识强，白天只要不下雨就会在自己领地巡逻。

—— 2.4 其他常见无脊椎动物 ——

公园中还有一些无脊椎动物种类，也常常被我们无意中发现。因为它们生物学分类上同目的种类较少，一并放到本节下面。

2.4.1 长裂华绿螽 *Sinochlora longifissa* 直翅目

【俗名】蝈蝈、螽斯儿、纺花娘、
长尾华绿螽。

【识别特征】体较大。触角细如丝，
长于自身。头顶侧扁，背面具沟。
后腿长而大。

【生活习性】食叶。

【生境】草坪、灌木丛、自然群落。

【故事】《诗经·国风·豳风·七
月》中提到过螽斯，"五月斯螽动
股，六月莎鸡振羽，七月在野，八
月在宇，九月在户，十月蟋蟀入我
床下"，说明螽斯在5月开始活跃。

2.4.2 东亚飞蝗 *Locusta migratoria manilensis* 直翅目

【俗名】蚱蜢、草蜢、蚂蚱

【识别特征】通常为绿色或黄褐色，常因环境因素影响有所变异。

【生活习性】幼虫称为蝗蝻，习性与成虫相同，均为植食性，日行性，无明显趋光性。

【生境】草坪、灌木丛。

【故事】世界性的农业害虫，有周期性的种群大爆发，并能长距离迁飞。

2.4.3 非洲大蜗牛 *Achatina fulica* 柄眼目

【俗名】非洲巨蜗牛、露螺、褐云玛瑙
螺、东风螺、菜螺、花螺、法国螺

【识别特征】壳面为黄或深黄底色，有
焦褐色花纹；胚壳玉白色，有断续的棕
色条纹；壳内为淡紫或蓝白色；壳口卵
圆形，背面暗棕黑色；黏液无色。

【生活习性】昼伏夜出性、群居性。吃
各种绿色植物及糠麸。当湿度、温度不
适宜时，会分泌黏液形成保护膜，封住
壳口，以克服不良环境。

【生境】水边、灌木丛、园林树丛、自
然群落。

【故事】世界前100种入侵物种之一，
列入《中国外来入侵物种名单》，也是
中国国家进出境二类检疫性有害生物。

2.4.4　福寿螺　*Pomacea canaliculata*　中腹足目

【俗名】大瓶螺

【识别特征】螺壳螺旋状，有细纵纹。头部有2对触角，前触短，后触长。

【生活习性】杂食性，主要取食浮萍、蔬菜、瓜果等，尤喜甜。

【生境】水体。环境优劣的水中均可存活。

【故事】作为高蛋白食物人为引进养殖，后因味道不佳，寄生虫多而被淘汰，进入野外环境。由于没有天敌制约，气候条件又适宜，故大量繁殖，对本地生境造成巨大危害，是臭名昭著的外来入侵生物。喜食水稻秧苗，祸害水稻生产。

2.4.5　红姬缘椿象　*Leptocoris augur*　半翅目

【识别特征】体色红色；上翅膜
质部分和革质部分内侧为黑色。

【生活习性】成虫几乎全年可
见，成虫与若虫会群聚一起，吸
食豆类等植物汁液。若虫可躲
在红色花中"模拟花瓣"，躲避
天敌。

【生境】自然群落、园林树丛、
行道树、灌木丛。

2.4.6　黄狭扇螅　*Copera marginipes*　蜻蜓目

【俗名】豆娘

【识别特征】雄性面部黑色具黄色条纹；胸部黑色具黄色条纹，足黄色；腹部黑色。第8节末端至第10节及肛附器白色；雌性未熟时为白色，成熟以后有较多色型。

【生活习性】飞行速度慢，距离短，警觉性低。

【生境】水体，水边及湿地。

2.4.7 龙眼鸡 *Pyrops candelaria* 半翅目

【识别特征】成虫体色艳丽；头额延伸如长鼻，额突背面红褐色，散布许多白点；触角短，前翅绿色，有3条黄色横带、14个圆形黄斑；身上有蜡质白粉。

【生活习性】在广东每年1代，吸食树液，以成虫在树枝主干越冬。

【生境】园林树丛。

2.4.8 蔚蓝细蟌 *Paracercion melanotum* 蜻蜓目

【俗名】豆娘

【识别特征】身体细长，复眼位于头两侧，咀嚼式口器，前后翅形状相似，休息时翅束于背上方。雄虫复眼上黑下蓝，翅痣黄褐色，合胸具蓝黑相间的

斑纹，侧视有一条明显的细纹，腹侧蓝色，腹末蓝色。雌虫复眼上褐下绿，合胸绿褐色或绿色，腹末端无蓝斑。

【生活习性】肉食性，捕食空中的小飞虫，有同种相食现象。

【生境】水体，水边及湿地。

【故事】豆娘颜色多样，观赏效果极佳。

2.5 常见两栖动物

公园中的两栖动物为无尾目动物，包括蛙和蟾蜍。它们的幼体生活在水中，有尾，用鳃呼吸，称为蝌蚪；成体长出四足，无尾，用肺呼吸，到水边陆上生活，但仍需要保持皮肤湿润，因此主要见于水边及湿地。繁殖期雄性鸣声洪亮，此起彼伏。

2.5.1 黑眶蟾蜍 *Duttaphrynus melanostictus* 无尾目

【俗名】癞蛤蟆、蛤巴、癞疙疱、蟾蜍

【识别特征】皮肤粗糙，除头顶外全身满布大小不等的疣粒。自吻部开始有黑色骨质脊棱，一直沿眼鼻腺延伸至上眼睑并直达鼓膜上方，形成一个黑色的眼眶。

【生活习性】夜行性，主要以昆虫为食，少跳跃，多以爬行形式活动。常在较开阔的河边交配，多于流水或静水中产卵。在受惊吓时会分泌出毒液以自卫。蝌蚪亦有毒性。

【生境】水体、水边及湿地。

2.5.2 花狭口蛙 *Kaloula pulchra* 无尾目

【识别特征】体略呈三角形，背面有一条十分醒目的镶深色边的棕黄色宽带纹。
【生活习性】以蚁类为食，产卵于水里。夜间行动迟缓，喜全身埋入土里，除繁殖季节外，平时不易发现它们的踪迹。
【生境】水体、水边及湿地。
【故事】雄蛙鸣叫声洪亮，音响如牛吼，常被误认为牛蛙 *Lithobates catesbeiana*。见电光后鸣声即停，捕捉后身体鼓胀近于球形。

2.5.3 牛蛙 *Lithobates catesbeiana* 无尾目

【俗名】菜蛙、美国水蛙

【识别特征】皮肤通常光滑，背部多为绿色，通常杂有棕色斑点，腹面白色，喉部有黄色条纹。

【生活习性】食量大，取食昆虫、无脊椎动物等；在静水水域生长繁殖。因其鸣叫声洪亮似牛叫而得名。

【生境】水体、水边及湿地。

【故事】牛蛙全身都是宝，是集食用、药用和皮用于一身的大型经济蛙类，1959年从古巴引入，20世纪90年代开始推广养殖。同时，也是臭名昭著的外来入侵生物，是"生态杀手"。

2.6 常见爬行动物

公园中常见的爬行动物包括蛇目、龟鳖目和有鳞目的种类，它们的头部能灵活转动。蛇没有脚，依靠鳞片快速爬行；没有胸椎，不连胸肋，能吞噬比自己大很多的食物。龟鳖目有背甲，生活在水中，中午会爬到石头上晒太阳。有鳞目体被角质鳞片，四肢从体侧横出，行动敏捷。

在公园中，常见的爬行动物习性差异很大，生境也不同。具体见各种的描述。

值得注意的是，虽然偶有蛇攻击人类的事件发生，但绝大多数情况下，蛇捕食蛙、鼠、鸟等小型动物，不会主动攻击体型巨大的人类。在公园中遇到蛇，远离即可，不必惊慌，更不要逗弄，以免激怒它而引起它的攻击。

2.6.1 北方颈槽蛇 *Rhabdophis helleri* 蛇目

【俗名】野鸡项、红脖游蛇、扁脖子

【识别特征】颈部以及体前段鳞片的颜色为猩红色，与躯干以及尾背面的颜色（草绿色）形成鲜明的对比。

【生活习性】取食蛙类、鱼类、昆虫、鸟类以及鼠类等。

【生境】自然群落、水体、水边及湿地。

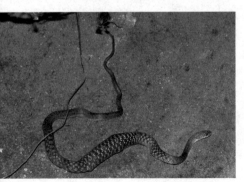

【故事】遭遇危险时会立起颈部，低头并将头部顶向对方，同时由颈部分泌出颈腺储存的毒液。这种毒液可通过黏膜和血液进入动物体内，造成麻痹等轻重不一的症状。此外，还具有能分泌出血性毒素的达氏腺，有咬伤致死的报道，症状都是严重的出血，这和其所含的出血性毒素有密切联系。

2.6.2 变色树蜥 *Calotes versicolo* 有鳞目

【俗名】马鬃蛇、鸡冠蛇、四脚蛇

【识别特征】体浅灰棕色，背面有黑棕横斑，尾具深浅相间的环纹。

【生活习性】产卵在潮湿土壤里，以昆虫及部分啮齿类为食，有冬眠期，夏季会倒挂在树枝上睡觉。

【生境】自然群落、灌木丛。

【故事】背部有一例像鸡冠的脊突，所以叫鸡冠蛇。背中线上，由颈至尾基部有一列侧扁而直立的鬣鳞，颈部的较长，形如马鬃，因此又叫马鬃蛇。海南传说被变色树蜥咬到，要等打雷时才可以获救，故人们认为这种动物是雷公的坐骑，得名"雷公马"。

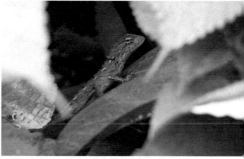

2.6.3 红耳龟 *Trachemys scripta elegans* 龟鳖目

【俗名】巴西龟、巴西红耳龟、秀丽锦龟、翠龟、麻将龟、巴西彩龟等

【识别特征】头较小，头、颈处具黄绿相间的纵条纹，眼后有一对红色斑块。

【生活习性】营水、陆两栖生活，日光、月光下晒背；喜暖怕冷，属杂食性龟，喜食肉类。

【生境】水体、水边及湿地。

【故事】色彩斑斓，背甲上呈7种颜色规则的几何图案；腹板有黄、白、黑相间的甲骨文字式花纹，且每龟不尽相同。外来入侵生物，切勿放生。

2.6.4 花龟 *Mauremys sinensis* 龟鳖目

【俗名】中华花龟、斑龟、珍珠龟、长尾龟、台湾草龟

【识别特征】四肢背面栗色，头的侧面及腹面色较淡，咽部形成黄色的圆形花纹。四肢及尾也有黄色细纵纹。

【生活习性】动物性、植物性饲料均能采食。性情较温驯，不爱争斗，不咬人。

【生境】水体、水边及湿地。

【故事】野生种群列入《国家重点保护野生动物名录》二级保护动物，列入《世界自然保护联盟濒危物种红色名录》(IUCN 2018年3-1)——极危(CR)，列入《濒危野生动植物种国际贸易公约》(CITES)——附录Ⅲ。公园所见基本为放生的养殖个体。

2.6.5 滑鼠蛇 *Ptyas mucosus* 蛇目

【俗名】乌肉蛇、草锦蛇、长标蛇、水律蛇、山蛇

【识别特征】头部黑褐色，背面黄褐色，体后有黑色网纹或横条纹；腹面前段红棕色，后部淡黄色，腹鳞及尾下鳞的后缘为黑色，有时呈黄白色。

【生活习性】性情较凶猛，攻击速度快，捕食鼠类、蟾蜍、蛙、蜥蜴和其它蛇等。

【生境】自然群落、水边。

【故事】列入《濒危野生动植物种国际贸易公约》（CITES）——附录Ⅱ。国家林草局发布的《关于规范禁食野生动物分类管理范围的通知》，对滑鼠蛇蛇禁止以食用为目的的养殖活动，允许用于药用、展示、科研等非食用性目的的养殖。

2.6.6　黄斑渔游蛇　*Xenochrophis flavipunctatus*　蛇目

【俗名】草花蛇，渔游蛇，渔蛇

【识别特征】体型较小，体色呈明亮的橄榄黄色，密布黑色网纹，眼下亦有多条黑色斑纹。

【生活习性】昼夜皆活动，常在灌木丛及水体中出没；性情较凶猛，攻击速度快，捕食鼠类、蟾蜍、蛙、蜥蜴和其他蛇等。受到惊吓时会抬起身体前部，采取攻击的姿势。

【生境】自然群落、水体。

【故事】模式产地为广州。

2.6.7 乌龟 *Mauremys reevesii* 龟鳖目

【俗名】大头乌龟、中华草龟、金龟、草龟、泥龟和山龟

【识别特征】头部橄榄色或黑褐色；头侧及咽喉部有暗色镶边的黄纹及黄斑。

【生活习性】乌龟是杂食性动物，耐饥饿能力强，数月不进食也饿不死。水温在10℃以下时，冬眠。

【生境】水体、水边及湿地。

【故事】乌龟一直被视为"灵物"或"吉祥之物"，民间有保护乌龟，或放生或不食乌龟的习惯。野生种群列入《国家重点保护野生动物名录》二级保护动物，列入《世界自然保护联盟濒危物种红色名录》（IUCN）——极危（CR），列入《濒危野生动植物种国际贸易公约》（CITES）——附录Ⅲ；列入农业农村部发布第三批人工繁育国家重点保护水生野生动物名录。公园所见基本为放生的养殖个体。

2.7 常见鸟类

鸟类体表被羽毛，恒温，卵生，有一对翼，是公园中种类最多的脊椎动物，也最为人关注。它们有的在水中游弋，姿态优雅，如大天鹅、黑天鹅；有的在树上鸣唱，歌声婉转，如乌鸫、暗绿绣眼鸟；有的在天空盘旋，威武雄壮，如黑鸢、红隼。根据它们的习性分为了游禽、涉禽、攀禽、陆禽、猛禽、鸣禽六大类，生活在不同的生境中。游禽和涉禽生活在水体、水边及湿地；攀禽生活在自然群落和园林树丛；陆禽生活在自然群落、灌木丛和园林树丛；猛禽栖息在自然群落或高处的人工设施点，在空中盘旋时易见；鸣禽生活在自然群落、园林树丛、行道树、灌木丛、草坪、人工设施点等。

公园中的鸟类，以鸣禽的种类和数量最多。它们常常先声夺人，我们只闻其声，难见其形，需要在树冠或人工设施点上仔细搜寻。当然也有大胆如红耳鹎的，可放声在人前欢唱。红耳鹎歌声动听，外形靓丽，是公园最常见的鸟类之一。下次去公园，不妨抬头认识一下这位美丽的歌唱家吧！

2.7.1 暗绿绣眼鸟 *Zosterops simplex* 雀形目

【俗名】绣眼儿、粉眼儿、白眼儿、白目眶、粉燕儿

【识别特征】体型小型。眼眶及眼周具白色裸皮，喉黄色，胸及胁灰白色或浅粉褐色。背面绿色。

【生活习性】留鸟。集群生活，是鸟浪的常见种。活动时会发出'嗞嗞'的细弱声音，夏季食虫，冬季食植物。

【生境】自然群落、园林树丛、行道树。

【故事】暗绿绣眼鸟是中国四大鸣禽之一，鸣音高且复杂。很早就被人们所熟悉。漫步林间，灵动的鸟儿常给观鸟人带来许多惊喜。

2.7.2 八哥 *Acridotheres cristatellus* 雀形目

【俗名】黑八哥、鸲鹆、寒皋、凤头
八哥、了哥仔

【识别特征】通体乌黑色，前额有
长而竖直的冠状羽簇，有白色翅斑，
虹膜橙黄色，嘴黄色，脚黄色。

【生活习性】性活泼，喜结群，善鸣
叫，食性杂，营巢于树洞、建筑物
洞穴中。

【生境】自然群落、园林树丛、行道
树、灌木丛、草坪、人工设施点。

【故事】善学其他鸟鸣叫。一只聪明
的八哥可以学会十余种鸟的鸣叫声。

2.7.3 八声杜鹃 *Cacomantis merulinus* 鹃形目

【俗名】八声喀咕、哀鹃、雨鹃

【识别特征】雄鸟头灰色，背暗灰色，尾有白色端斑和白色横斑。胸以下淡棕栗色，雌鸟上体为褐色和栗色相间横斑，下体近白色，具极细的暗灰色横斑。

【生活习性】性活泼，单独或成对活动。取食昆虫，自己不营巢和孵卵，将卵产于其它鸟巢中。繁殖期间整天鸣叫不息，尤其是阴雨天鸣叫频繁，鸣声尖锐、凄厉，故有哀鹃及雨鹃之名。叫声为8声。

【生境】自然群落、园林树丛。

2.7.4 白喉红臀鹎 *Pycnonotus aurigaster* 雀形目

【识别特征】头黑色，耳羽银灰色，背褐色，两翅暗褐色，尾下覆羽血红色，虹膜棕色，嘴、脚黑色。

【生活习性】性活泼、善鸣叫，鸣声清脆响亮。食性较杂，但以植物性食物为主。

【生境】自然群落、园林树丛、行道树、灌木丛、草坪、人工设施点。

2.7.5　白鹡鸰　*Motacilla alba*　雀形目

【俗名】白颤儿、白面鸟、白颊鹡鸰、眼纹鹡鸰、点水雀、张飞鸟

【识别特征】脸白色，背、肩黑色，胸黑色，飞羽黑色，翅上有白斑，尾长而窄，尾羽黑色，最外两对尾羽主要为白色，其余下体白色，虹膜黑褐色，嘴和跗跖黑色。

【生活习性】筑巢于屋顶、洞穴、石缝等处，常单独成对或小群活动。以昆虫为食，飞行时呈波浪式前进，停息时尾部不停上下摆动。遇人则斜着起飞，边飞边鸣。

【生境】水边及湿地、灌木丛、草坪、人工设施点。

2.7.6 白鹭 *Egretta garzetta* 鹈形目

【俗名】小白鹭、白鹭鸶、白翎鸶、春锄、
雪客

【识别特征】中等体型，纤瘦。嘴、脚长，
黑色，趾黄色，颈部长，全身白色。眼先裸
出的部分在夏季为粉红色，冬季为黄色。繁
殖羽纯白，颈背具细长饰羽，背及胸具蓑
状羽。

【生活习性】喜集群，常常小群活动于水边
浅水处。在繁殖期巢群中会发出呱呱叫声，
其余的时候寂静无声。

【生境】水边及湿地、园林树丛、自然群落。

2.7.7　白头鹎　*Pycnonotus sinensis*　雀形目

【俗名】白头翁、白头婆

【识别特征】头顶纯黑，两眼上方枕白色，形成一白色枕环，耳羽后部有一白斑，背大部为灰绿色，胸灰褐色，虹膜褐色，嘴黑色，脚亦为黑色。

【生活习性】性活泼善鸣，鸣声清婉多变，喜结群，兼食动、植物性食物，不畏人。受到人为或其它因素的干扰，容易弃巢。

【生境】自然群落、园林树丛、行道树、灌木丛、草坪、人工设施点。

【故事】头上白羽常喻为人的白发，作为反面例子用来教育儿童、青少年要珍惜光阴，努力学习，有所作为。

2.7.8　白胸翡翠　*Halcyon smyrnensis*　佛法僧目

【俗名】白喉翡翠

【识别特征】胸部中央纯白，其余部分均深赤栗色，背翠绿色，尾呈暗蓝色，有黑褐色羽干，腋羽和翼下覆羽淡栗棕色。

【生活习性】常单独活动，飞行时成直线，速度较快，营巢于河岸、沟谷、田坎、土岩洞中，掘洞为巢，取食水生动物。

【生境】水边及湿地。

2.7.9　白胸苦恶鸟　*Amaurornis phoenicurus*　鹤形目

【俗名】白胸秧鸡、白面鸡、白腹秧鸡

【识别特征】以暗石板灰色为主，两颊、喉、胸、腹均为白色，下腹和尾下覆羽栗红色，虹膜红色，嘴黄绿色，腿、脚黄褐色。

【生活习性】多在清晨、黄昏和夜间活动，常单独或成对活动，偶尔集成小群。杂食性，偶尔取食砂砾。性机警、隐蔽，飞翔力差，会游泳，善行走，行动轻快、敏捷。行走时头颈前后伸缩，尾上下摆动。

【生境】水边及湿地。

2.7.10　白腰文鸟　*Lonchura striata*　雀形目

【俗名】白丽鸟、禾谷、十姊妹、算命鸟、衔珠鸟、观音鸟

【识别特征】上体红褐色，具白色羽干纹，腰白色，具白色羽干纹，虹膜红褐色，上嘴黑色，下嘴蓝灰色，跗跖蓝褐或深灰色。

【生活习性】取食种子，好结群，成群飞翔时声响更大，快而有力，呈波浪状前进。性温顺，不畏人。冬季群居在旧巢中，一般10只或10余只同居一旧巢，故称"十姐妹"。

【生境】园林树丛、行道树、灌木丛、草坪、人工设施点。

2.7.11 斑文鸟 *Lonchura punctulata* 雀形目

【俗名】花斑衔珠鸟、麟胸文鸟、小纺织鸟、鱼鳞沉香

【识别特征】体型小。雄雌同色。上体褐色,羽轴白色而成纵纹,喉红褐,下体白,胸及两胁具深褐色鳞状斑。

【生活习性】喜集群,常和其它鸟混群。喜摆尾,活泼好飞,飞行迅速且紧密成团。

【生境】园林树丛、行道树、灌木丛、草坪、人工设施点。

2.7.12　斑嘴鸭　*Anas zonorhyncha*　雁形目

【俗名】中华斑嘴鸭、中国斑嘴鸭、东方斑嘴鸭

【识别特征】从额至枕棕褐色，从嘴基经眼至耳区有一棕褐色纹；眉纹淡黄白色；眼先、颊、颈侧、颏、喉均呈淡黄白色，并缀有暗褐色斑点。

【生活习性】除繁殖期外，常成群活动，也和其他鸭类混群。善游泳，亦善于行走，但很少潜水。主要吃植物性食物。

【生境】水体、水边及湿地。

2.7.13 北红尾鸲 *Phoenicurus auroreus* 雀形目

【俗名】灰顶茶鸲、红尾溜、火燕

【识别特征】雄鸟头、背为石板灰色，下背和两翅黑色有明显的白色翅斑，嘴、脚黑色。

【生活习性】主要以昆虫为食，常单独或成对活动，有强烈的领域行为。

【生境】水边及湿地、园林树丛、行道树、灌木丛、人工设施点。

2.7.14 苍鹭 *Ardea cinerea* 鹳形目

【俗名】灰鹳、青庄、灰鹭

【识别特征】头、颈、脚和嘴均甚长，因而身体显得细瘦。上半身主要为灰色，腹部为白色。虹膜、嘴、跗跖及趾均黄色。

【生活习性】其鸣声低沉，性机警，飞行缓慢。生活在水边，耐寒，以鱼为主，兼食虾类及水生昆虫，有时也在湿地寻食陆生昆虫、鼠类和蛙类。

【生境】水边及湿地。

2.7.15 叉尾太阳鸟 *Aethopyga christinae* 雀形目

【俗名】燕尾太阳鸟

【识别特征】体小而纤弱。嘴细长而弯曲。顶冠及颈背金属绿色，上体橄榄色或近黑，腰黄。翅暗褐色。尾上覆羽及中央尾羽金属绿色，中央两尾羽有尖细的延长，外侧尾羽黑色而端白。下体污橄榄白色。

【生活习性】性情活跃不怕人，行动敏捷，喜欢在枝梢间跳跃飞行。吃花蜜、嫩芽和小型昆虫。叉尾太阳鸟鸣声婉转动听。

【生境】开花的园林树丛、行道树。

【故事】太阳鸟科在进化树上与莺科相近，因适应环境需要，逐渐进化成和同样吸食花蜜的鸟较为一致的形态。

2.7.16 长尾缝叶莺 *Orthotomus sutorius* 雀形目

【俗名】火尾缝叶莺

【识别特征】头棕色，眼先苍灰色，眼周淡棕色，上体为橄榄绿色，下体白色微沾皮黄色，虹膜淡褐色，嘴棕褐色，脚肉色。

【生活习性】常单独或成对活动，取食昆虫。性活泼，鸣声单调，活动或休息时，尾常常垂直翘到背上。巢通常用一块或数块树叶、灌木叶或草叶缝合而成。

【生境】园林树丛、行道树、灌木丛、草坪、人工设施点。

2.7.17 池鹭 *Ardeola bacchus* 鹳形目

【俗名】红毛鹭、中国池鹭、红头鹭鸶、沼鹭

【识别特征】虹膜黄色，嘴黄色，脸和眼先裸露皮肤黄绿色，头及颈深栗色，胸紫酱色，翼白色、身体具褐色纵纹尖端黑色，脚和趾暗黄色。

【生活习性】以鱼类、蛙、昆虫为食，常单独或成小群活动，白昼或晨昏活动，在林木的顶处营巢，性不甚畏人。

【生境】水边及湿地。

2.7.18 纯色山鹪莺 *Prinia inornata* 雀形目

【俗名】褐头鹪莺、纯色鹪莺

【识别特征】全身纯浅黄褐色、尾长呈凸状，眉纹色浅，上体暗灰褐，下体淡皮黄色至偏红，虹膜浅褐色，嚎黑色，脚粉红。

【生活习性】筑巢在巴茅草丛和小麦丛间，结小群活动。主要以昆虫为食，偶食小型无脊椎动物和杂草种子等植物性食物。

【生境】灌木丛、草坪。

2.7.19 大白鹭 *Ardea alba* 鹈形目

【俗名】白鹭鸶、鹭鸶、白漂鸟、大白鹤、白庄、白洼、雪客

【识别特征】体型较大。全身洁白；嘴裂过眼，嘴、眼先和眼周皮肤由非繁殖期的黄色逐渐过渡到繁殖期的黑色；颈长，具"S"形结；脚长，黑色。嘴会变色。

【生活习性】常成单只或10余只的小群活动，主要以动物为食。

【生境】水边及湿地。

2.7.20　大天鹅　*Cygnus cygnus*　雁行目

【俗名】白天鹅、黄嘴天鹅

【识别特征】体型大型。全身白色，嘴上黄斑过鼻孔，呈锐角。嘴端和脚黑色。身体丰满，双脚短粗，趾间有蹼。颈几与身体等长。

【生活习性】杂食性，常头朝下浸入水中取食。性情和顺，成群活动，喜欢集群营巢。善于飞翔和游泳。实行一夫一妻制，一旦配对后永不分离。雌鹅产卵，雄鹅守卫，雌雄轮流孵化。幼鸟遇到惊扰，就躲到亲鸟翼下。

【生境】水体、水边及湿地。

【故事】公园养殖。

2.7.21 大嘴乌鸦 *Corvus macrorhynchos* 雀形目

【俗名】巨嘴鸦、老鸦、老鸹

【识别特征】全身羽毛黑色，喙粗且厚，上喙前缘与前额几成直角，额头特

别突出，虹膜褐色，嘴、脚黑色。

【生活习性】多成小群活动，除繁殖期成对活动，性机警，无人时很大胆，一旦发现人出来会立即发出警叫声，很远即飞并不断扭头向后张望，飞到附近树上，待人一离去又会逐渐试探着飞回去觅食。觅食频繁，杂食，以昆虫、动物尸体、少数植物为食。

【生境】自然群落。

2.7.22 东亚石䳍 *Saxicola stejnegeri* 雀形目

【俗名】黑喉石即、谷尾鸟、石栖鸟、
野翁、野鸲、黑喉鸲

【识别特征】中等体型。雄鸟的头部、
喉部及飞羽为黑色，颈及翼上具有粗大
的白斑，腰白色，胸部棕色。雌鸟色较
暗为黑褐色，喉部浅白色。

【生活习性】夏候鸟。常单独或成对活
动。喜站在突出的低树枝以跃下地面捕
食昆虫。雌鸟营巢，巢碗状或杯状，筑
好需一周。

【生境】自然群落、园林树丛、灌草丛。

2.7.23 番鸭 *Cairina moschata* 雁形目

【俗名】麝香鸭、红面鸭、疣鼻栖鸭、洋鸭。

【识别特征】嘴的基部和眼圈周围有红色或黑色的肉瘤，雄者展延较宽。尾羽长，向上微微翘起。雌雄羽色不同，体形外貌也有一些差别。

【生活习性】杂食性。集群生活，性情温顺，行动笨拙，步态平稳，喜在水中扑翅浮游戏水。休息时把头伸到翼下，呈"金鸡独立"状。

【生境】水体、水边。

【故事】原产中、南美洲，美国家鸭的祖先。引进中国作为家禽养殖。在公园养殖做观赏。

2.7.24 骨顶鸡 *Fulica atra* 鹤形目

【俗名】白骨顶

【识别特征】候鸟。嘴高而扁。头
上具白色额甲，翅短圆，羽毛全黑
或暗灰黑色，多数尾下覆羽有白
色，两性相似。

【生活习性】除繁殖期外，常成群
活动，善游泳和潜水。杂食性。

【生境】水体、水边及湿地。

2.7.25　褐翅鸦鹃　*Centropus sinensis*　鹃形目

【**俗名**】大毛鸡、毛鸡、红毛鸡、红鹁、黄蜂、绿结鸡、落谷

【**识别特征**】黑色为主，两翅、肩和肩内侧栗色，头至胸有紫蓝色光泽和亮

黑色的羽干纹，尾羽有铜绿色光泽，虹膜赤红色，嘴和脚为黑色。

【**生活习性**】喜欢单个或成对活动，营巢于草丛。杂食性，善隐蔽、行走，飞行时急扑双翅，尾羽张开，上下摆动，速度不快。叫声似远处狗吠声，早、晚鸣叫频繁。

【**生境**】灌木丛、自然群落、水边及湿地。

2.7.26　黑短脚鹎　*Hypsipetes leucocephalus*　雀形目

【俗名】黑鹎、红嘴黑鹎。

【识别特征】全长约20cm。全身黑色，嘴和脚红色。

【生活习性】性活泼，常在树冠上来回不停地飞翔、跳跃，或站于枝头；善鸣叫，声嘈杂。杂食性。

【生境】自然群落、园林树丛、行道树。

2.7.27 黑脸噪鹛 *Pterorhinus perspicillatus* 雀形目

【俗名】土画眉、嘈杂鸫、噪林鹛、七姊妹

【识别特征】体型小型。头顶至后颈褐灰色，眼周黑色似"眼罩"。

【生活习性】常成对或成小群活动，在地面取食，主食昆虫。性活跃，喧闹嘈杂。

【生境】自然群落、园林树丛、灌木丛、草坪。

2.7.28　黑领椋鸟 *Gracupica nigricollis* 雀形目

【俗名】黑脖八哥、白头椋鸟

【识别特征】体型中小。整个头部和下体为白色，上胸黑色并向两侧延伸至后颈形成黑领环，但幼鸟无领环。眼周裸皮黄色，嘴黑色，脚黄色。

【生活习性】常成对或成小群活动。鸣声单调、嘈杂，边飞边鸣，可学习发声说话，有时和八哥混群。在地面觅食，主食昆虫。休息时和夜间停栖于高大乔木上。

【生境】自然群落、园林树丛、灌木丛、草坪。

2.7.29　黑领噪鹛　*Pterorhinus pectoralis*　雀形目

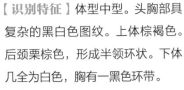

【识别特征】体型中型。头胸部具复杂的黑白色图纹。上体棕褐色。后颈栗棕色，形成半领环状。下体几全为白色，胸有一黑色环带。

【生活习性】集小群，在林下茂密的灌丛或竹丛中活动和觅食，少飞翔，性机警。主食昆虫，也吃植物果实和种子。叫声有尖柔的群鸟联络叫声、哀而下降的"笑声"、短哨音，形成响亮"合唱"。

【生境】自然群落。

2.7.30　黑水鸡　*Gallinula chloropus*　鹤形目

【俗名】鹥、红冠水鸡、红骨顶、红鸟、江鸡

【识别特征】中型涉禽。通体黑色，仅两胁有白线及尾下有两块白斑。嘴红色，嘴尖端黄色，脚绿色。

【生活习性】常成对或成小群活动。善游泳和潜水。游泳时身体浮出水面很高，尾部常常垂直竖起，并频频摆动。不善飞。雏鸟黑色，幼鸟和亚成鸟转为灰白色，至成鸟又转为黑色。一夫一妻制。取食水中动物。

【生境】水体、水边及湿地。

2.7.31　黑天鹅　*Cygnus atratus*　雁形目

【识别特征】体型中大，通体黑色，仅小部分初级飞羽为白色，背覆花絮状灰羽。喙鲜红色，前端有"V"形白带。颈长，常呈"S"形弯曲。脚黑色。

【生活习性】成对或结群活动，食植物，飞行能力强，具有较强游牧性。一夫一妻制，通常终身相伴。具有领地意识，交配时保持单独成对活动。

【生境】水体、水边及湿地。

【故事】公园养殖。饲养简单，抗病力强，是常见的观赏鸟。

2.7.32 黑鸢 *Milvus migrans lineatus* 鹰形目

【**俗名**】老鹰、老雕、黑耳鹰、老鸢、鸡屎鹰、麻鹰

【**识别特征**】中型猛禽。体深褐色，尾白色分叉，飞翔时翼下左右各有一块大白斑。

【**生活习性**】常单独在高空飞翔，呈圈状盘旋，边飞边鸣，鸣声尖锐似吹哨，很远即能听到。食动物或腐尸。

【**生境**】自然群落。

【**故事**】国家二级保护动物。黑耳鸢归入本种。

2.7.33 红耳鹎 *Pycnonotus jocosus* 雀形目

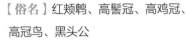

【俗名】红颊鹎、高髻冠、高鸡冠、高冠鸟、黑头公

【识别特征】前额至头顶黑色，头顶有高耸的黑色羽毛；眼后下方有红斑和白斑；臀部红色。卵粉红色，布满暗红色和淡紫色的斑点，钝端有暗紫红色环带。

【生活习性】留鸟。群居，善鸣，鸣声轻快悦耳，常一边跳跃活动觅食，一边鸣叫。杂食性，主食植物。

【生境】自然群落、园林树丛、行道树、灌木丛、草坪。

2.7.34　红隼　*Falco tinnunculus*　隼形目

【俗名】茶隼，红鹰，黄鹰，红鹞子

【识别特征】体型小型。眼睛的下面有一条垂直向下的黑色口角髭纹。翅膀狭长较尖，尾较长，雄鸟头蓝灰色，背和翅上羽毛为砖红色，有三角形黑斑；趾黄色，爪为黑色。雌鸟体型略大，上体全褐，比雄鸟少赤褐色而多粗横斑。红隼呈现两性色型差异，在鹰中罕见。

【生活习性】单个或成对活动，逆风飞翔，飞行较高。吃大型昆虫、鸟和小哺乳动物。在乔木或岩壁洞中筑巢，常喜抢占乌鸦、喜鹊巢，或利用它们及鹰的旧巢。

【生境】自然群落、园林树丛。

2.7.35 红嘴蓝鹊 *Urocissa erythrorhyncha* 雀形目

【俗名】赤尾山鸦、长尾山鹊、长尾巴练、长山鹊、山鹤

【识别特征】头、颈、喉和胸为黑色；头顶至后颈有斑块；嘴、脚红色；尾部长，紫蓝色，有黑白相间的带状斑；下体白色。

【生活习性】喜群栖，杂食性，在地面取食；性凶悍，有时会凶悍地侵入其他鸟类的巢内，攻击残食幼雏和鸟卵。喧闹嘈杂。

【生境】自然群落、园林树丛、行道树、灌木丛、草坪。

【故事】体态和羽色极为艳丽美丽，但尾羽长，不适于饲养。

2.7.36　黄腹山鹪莺　*Prinia flaviventris*　雀形目

【俗名】黄腹鹪莺、灰头鹪莺

【识别特征】体小型。头灰色，有时具浅白色短眉纹。喉和胸白色，下胸及腹黄色。

【生活习性】留鸟。常单独或成对活动，多在灌丛和草丛下部活动和觅食。

【生境】水边及湿地、灌木丛、草坪。

2.7.37 黄苇鳽 *Ixobrychus sinensis* 鹈形目

【俗名】黄斑苇鳽、小黄鹭、黄秧鸡、黄尾鹳

【识别特征】雄鸟额、头顶、枕部和冠羽黑色，微杂灰白色纵纹，头侧、后颈和颈侧棕黄白色；雌鸟似雄鸟，但头顶为栗褐色，具黑色纵纹。

【生活习性】常在清晨和傍晚单独或成对活动，以小鱼、虾、蛙、水生昆虫等动物性食物为食，性甚机警，遇有干扰，立刻伫立不动，向上伸长头颈观望。

【生境】水边及湿地。

2.7.38 灰鹡鸰 *Motacilla cinerea* 雀形目

【俗名】黄腹灰鹡鸰、黄鸰、灰鸰、马兰花儿

【识别特征】体小型。头、背深灰色。眉纹白色。喉、颏黑色，冬季白色。两翼黑褐色，有1道白色翼斑。尾长，上覆羽黄色，中央尾羽褐色，最外侧1对黑褐色具大白斑。

【生活习性】常单独或成对活动，偶集成小群或与白鹡鸰混群。飞行时两翅一展一收，呈波浪式前进并鸣叫。主食昆虫。巢域选定后，雌雄亲鸟极为活跃，鸣叫频繁。

【生境】水边及湿地。

2.7.39 灰椋鸟 *Spodiopsar cineraceus* 雀形目

【俗名】杜丽雀、高粱头、管莲子、假画眉、竹雀

【识别特征】体型中小。通体灰褐色，头上黑侧白，尾亦白，嘴、脚橙色。

【生活习性】结群，飞行迅速，整群飞行。鸣声低微而单调。主食昆虫。

【生境】水边及湿地、草坪、灌木丛。

【故事】嗜吃昆虫，对抑制害虫发生、保护植物意义重大。极难笼养。

2.7.40 家燕 *Hirundo rustica* 雀形目

【俗名】燕子、拙燕

【识别特征】以蓝黑色而富有金属光泽为主，尾长、呈深叉状，下胸、腹和尾下覆羽白色，虹膜暗褐色，嘴黑褐色，跗跖和趾黑色。

【生活习性】善飞行，迅速敏捷，没有固定飞行方向，活动范围不大，取食昆虫，巢多置于人类房舍内外墙壁上、屋椽下或横梁上。

【生境】人工设施点、灌木丛、水边及湿地、园林树丛。

【故事】古称玄鸟，千百年来和人类共处一个屋檐下，一直都是和谐相处的好邻居。人们认为家燕是吉祥鸟，是福气、好运、和睦的象征。有大量的诗文、歌曲、艺术作品描绘家燕，如杜甫的"泥融飞燕子"，文物"马踏飞燕"，童谣"小燕子，穿花衣，年年春天来这里"等。

2.7.41　金腰燕　*Cecropis daurica*　雀形目

【俗名】赤腰燕

【识别特征】上体黑色，腰部栗色，脸颊部棕色，下体棕白色，而多具有黑色的细纵纹，尾甚长，为深凹形，虹膜褐色，嘴及脚黑色。

【生活习性】性极活跃，喜欢飞翔，休息时多停歇在房顶、电线上。以昆虫为食，而且主要吃飞行性昆虫。营巢于人类房屋等建筑物上。常将巢用泥丸堆砌成葫芦状。喜欢利用旧巢，即使旧巢已很破旧，也常常加以修理后再用。

【生境】园林树丛、自然群落。

2.7.42 绿头鸭 *Anas platyrhynchos* 雁形目

【俗名】大绿头、大红腿鸭、官鸭、对鸭、大麻鸭、青边

【识别特征】中型游禽。雄鸟头和颈为绿色，带有金属光泽。颈部下方有一白色领环；雌鸟头顶至枕部黑色，头侧、后颈和颈侧浅棕黄色。翼镜蓝色。

【生活习性】常成群结队的游于水面。杂食性。喜欢干净，常在水中和陆地上梳理羽毛精心打扮。

【生境】水体、水边及湿地。

【故事】家鸭的野型。公园养殖观赏。

2.7.43　牛背鹭 *Bubulcus ibis*　鹈形目

【俗名】黄头鹭、畜鹭、放牛郎

【识别特征】体较肥胖，身体呈驼背状，嘴和颈亦较短粗，通体全白色，缀有黄色，虹膜金黄色，嘴、眼先、眼周裸露皮肤黄色，跗跖和趾黑色。

【生活习性】常成对或小群活动，性活跃而温驯，不甚怕人，活动时寂静无声。取食昆虫。常成群营巢于树上或竹林上。常伴随牛活动，喜欢站在牛背上或跟随在耕田的牛后面啄食翻耕出来的昆虫和牛背上的寄生虫。

【生境】水边及湿地、园林树丛。

2.7.44　普通翠鸟　*Alcedo atthis*　佛法僧目

【俗名】鱼虎、鱼狗、钓鱼翁、金鸟仔、大翠鸟、蓝翡翠、秦椒嘴

【识别特征】头和后颈黑绿色，带有翠蓝色细窄横斑，眼周为黑褐色，耳后有一白色斑，胸灰棕色，背覆羽翠蓝色，虹膜土褐色，嘴黑色，脚和趾朱红色，爪黑色。

【生活习性】常单独活动，取食水生动物。每年更换伴侣，具有很强的领地意识，用鸣叫交流。

【生境】水边及湿地。

【故事】传统手工艺"点翠"的羽毛来源。因必需从活的翠鸟身上拔取翠羽，才能保证颜色鲜艳华丽，十分残忍，已被淘汰。

2.7.45 普通鵟 *Buteo japonicus* 鹰形目

【俗名】日本鵟、东亚鵟

【识别特征】上体主要为暗褐色，下体主要为暗褐色，具深棕色横斑、纵纹，尾淡灰褐色，具多道暗色横斑。虹膜黄色，鸟喙灰色，蜡膜黄色，脚黄色。

【生活习性】多在白天单独活动，性机警，视觉敏锐。善飞翔，捕食森林鼠类。

【生境】自然群落。

2.7.46　丘鹬　*Scolopax rusticola*　鸻形目

【俗名】大水行、山沙锥、山鹬

【识别特征】体型肥胖，腿短，嘴长且直。上体锈红色，上背和肩具大型黑色斑块，虹膜深褐色，嘴蜡黄色，脚灰黄色。

【生活习性】营巢于林下灌木，多夜间活动，飞行时嘴朝下，飞行快而灵巧，但飞行时显得笨重，身子摇晃不定。性孤独，常单独生活，不喜集群。

【生境】水边及湿地、自然群落。

2.7.47 鹊鸲 *Copsychus saularis* 雀形目

【俗名】四喜鸟、屎坑雀、猪屎雀

【识别特征】外形像喜鹊，较小。头、胸及背亮蓝黑色，翅及中央尾羽黑，外侧尾羽及覆羽上有白色条纹，腹及臀亦白。

【生活习性】性活泼、大胆，不畏人，好斗，善鸣叫，休息时常展翅翘尾。

【生境】园林树丛、行道树、灌木丛、草坪、人工设施点。

【故事】俗称"四喜鸟"：一喜长尾如扇张，二喜风流歌声扬，三喜姿色多娇俏，四喜临门福禄昌。由于其善鸣、好斗、易养，常做笼养观赏鸟。

2.7.48 树鹨 *Anthus hodgsoni* 雀形目

【俗名】木鹨、麦加蓝儿、树鲁

【识别特征】上体橄榄绿色具褐色纵纹，眉纹乳白色或棕黄色，耳后有一白斑。下体灰白色，胸具黑褐色纵纹。虹膜红褐色，上嘴黑色，下嘴肉黄色。

【生活习性】常成对或小群活动，性机警，站立时尾常上下摆动。主要以昆虫为食。营巢由雌雄亲鸟共同承担，巢筑好后即开始产卵。

【生境】自然群落、水边及湿地。

2.7.49 树麻雀 *Passer montanus* 雀形目

【俗名】麻雀、欧亚树麻雀、霍雀、瓦雀、嘉宾、硫雀、家雀、老家贼、只只

【识别特征】头栗褐色，头侧白色，耳部有一黑斑，在白色的头侧极为醒目。虹膜暗红褐色，嘴一般为黑色，脚和趾等均污黄褐色。

【生活习性】喜成群，性活泼，飞行速度甚快，受惊不远飞、高飞，性大胆，不怕人，但机警，食性较杂，主要以植物性食物为食。

【生境】人类居住环境。

【故事】曾经作为"四害"之一被扑杀，现已为其正名。

2.7.50 丝光椋鸟 *Sturnus sericeus* 雀形目

【俗名】牛屎八哥、丝毛椋鸟

【识别特征】雄鸟头棕白色，背深灰色，胸灰色，往后均变淡，两翅和尾黑色。雌鸟头顶前部棕白色，后部暗灰色，上体灰褐色，下体浅灰褐色。虹膜黑色，嘴朱红色，尖端黑色，脚橘黄色。

【生活习性】喜结群于地面觅食，筑巢于洞穴中。主要以昆虫为食，性较胆怯，见人即飞，鸣声清甜、响亮。

【生境】水边及湿地、园林树丛、灌木丛、草坪。

2.7.51 乌鸫 *Turdus mandarinus* 雀形目

【俗名】百舌、反舌、中国黑鸫、黑鸫、乌鸫

【识别特征】体小型；雄鸟通体黑色，眼圈和喙为黄色；雌鸟和雏鸟无黄色眼圈，羽毛和喙褐色。

【生活习性】常单独或三五成群在地面奔跑觅食；歌声嘹亮动听，并善仿其他鸟鸣。秋冬食实和种子，春夏食昆虫。

【生境】园林树丛、行道树、灌木丛、草坪、人工设施点。

【故事】鸣啭丰富婉转，叫声有120多种变化，在中国无出其右者。从春秋到清朝一直有笼养，留有许多吟诵诗文，杜甫、王维、刘禹锡等名家均有赞语。瑞典国鸟。

2.7.52 乌鹟 *Muscicapa sibirica* 雀形目

【识别特征】体型略小；上体深灰，翼上具不明显皮黄色斑纹，下体白色，白色眼圈明显，喉白，通常具白色的半颈环；翼长至尾的2/3。

【生活习性】不结群。紧立于裸露低枝，冲出捕捉过往昆虫。

【生境】自然群落、园林树丛、行道树、灌木丛。

2.7.53 喜鹊 *Pica serica* 雀形目

【俗名】普通喜鹊、欧亚喜鹊、鹊、客鹊、飞驳鸟、干鹊

【识别特征】雌雄羽色相似，头、颈、背至尾均为黑色，有蓝绿色光泽；肩白色；腰灰白色。翅收拢时黑色，具深蓝色光泽，展开时可见翅端白色。腹面以胸为界，前黑后白。尾长。

【生活习性】繁殖期成对活动，其余时间小群活动。性机警，会轮流分工守候和觅食。食性较杂。凶猛，会攻击猛禽。

【生境】园林树丛、行道树、灌木丛、草坪、人工设施点。

【故事】吉祥的象征，自古有画鹊兆喜的风俗，留有许多诗文画作。

2.7.54 小䴙䴘 *Tachybaptus ruficollis* 䴙䴘目

【俗名】油鸭、水葫芦、油葫芦、王八鸭子

【识别特征】全身主要以褐色为主，前胸和两胁淡黄棕色。两翅膀顶端为黑色，虹膜黄色。

【生活习性】多单独或成对活动，有时也集成小群。善游泳和潜水，不善飞行，主要食用小型鱼类。

【生境】水体、水边及湿地。

2.7.55 夜鹭 *Nycticorax nycticorax* 鹈形目

【俗名】水洼子、灰洼子、苍鳽、星鳽、夜鹤、夜游鹤

【识别特征】体型较为粗胖，颈较短粗；嘴尖细，向下微微弯曲，黑色；脚和趾为黄色；头顶至背为黑绿色，具有金属光泽；上体其余部分为灰色；下体白色。

【生活习性】部分留鸟，部分迁徙，夜出性，喜结群。取食动物。常与其他鹭类一起成混合群在树上营巢。

【生境】水边及湿地，园林树丛。

2.7.56　噪鹃　*Eudynamys scolopaceus*　鹃形目

【俗名】嫂鸟、鬼郭公、哥好雀、婆好

【识别特征】虹膜为深红色。尾长，雄鸟通体蓝黑色，具蓝色光泽，下体带有绿色。雌鸟上体暗褐色，略具金属绿色光泽，并满布整齐的白色小斑点。

【生活习性】单独活动。一般仅能听其声而不见影。杂食性。鸣声嘈杂，清脆而响亮，通常越叫越高越快，至最高时又突然停止。

【生境】自然群落，园林树丛。

121

2.7.57　棕背伯劳　*Lanius schach*　雀形目

【俗名】海南鵙、大红背伯劳、桂来姆

【识别特征】喙粗壮，侧面扁，具有利钩；翅短圆；尾长，圆形或楔形；趾具钩爪。头大，背棕红色。

【生活习性】留鸟。多单独活动。性凶猛，捕食昆虫、小鸟、蛙和啮齿类。领域性强。能模仿红嘴相思鸟、黄鹂等其他鸟类的鸣叫声，鸣声悠扬、婉转悦耳。有时边鸣唱边从树顶向空中飞出数米，快速地扇动两翅，然后又停落到原处。

【生境】自然群落、园林树丛、行道树、人工设施点。

2.7.58 棕颈钩嘴鹛 *Pomatorhinus ruficollis* 雀形目

【俗名】小钩嘴嘈鹛、小钩嘴嘈杂鸟、小钩嘴鹛、小眉、小偃月嘴嘈杂鸟

【识别特征】眉纹白色，背棕橄榄褐色，两翅也为棕橄榄褐色；飞羽暗褐色，尾羽暗褐色有黑色横斑，颊、喉白色。胸以下为淡橄榄褐色，腹中部白色。

【生活习性】杂食性。常单独、成对或成小群活动。性活泼，胆怯畏人。常在茂密的树丛或灌丛间疾速穿梭或跳来跳去，一遇惊扰，立刻藏匿于丛林深处，或由一个树丛飞向另一树丛。

【生境】自然群落。

2.7.59　珠颈斑鸠　*Streptopelia chinensis*　鸽形目

【俗名】鸪雕、鸪鸟、中斑、花斑鸠、花脖斑鸠、珍珠鸠、斑颈鸠、珠颈鸽

【识别特征】头为鸽灰色，上体大多为褐色，下体粉红色，后颈有宽阔的黑色，其上满布以白色细小斑点形成的领斑。

【生活习性】留鸟，常成小群活动，栖息场地较为固定。可快速起飞和飞行。主食是颗粒状植物种子或者是初生螺蛳。筑巢或占用其他旧巢。

【生境】园林树丛、行道树、灌草丛、草坪、人工设施点。

2.8　常见其他脊椎动物

公园中常见的脊椎动物还有锦鲤和赤腹松鼠，它们一种在水中，一种在树上，都很招游客喜爱呢！相信随着城市生态越来好，人与动物越来越和谐相处，以及动物进城项目的开展，公园中的脊椎动物会越来越多。

2.8.1　赤腹松鼠　*Callosciurus erythraeus*　啮齿目

【俗名】红腹松鼠

【识别特征】体背自吻部至身体后部为橄榄黄灰色，体侧、四肢外侧及足背与背部同色。腹面灰白色。耳壳内侧淡黄灰色，外侧灰色，耳缘有黑色长毛。

【生活习性】赤腹松鼠多栖居在树上。食性较杂，吃各种植物果实，也吃农作物、其他禾草和昆虫、鸟卵、雏鸟及蜥蜴等动物。

【生境】自然群落、园林树丛、行道树。

2.8.2　锦鲤　*Cyprinus carpio haematopterus*　鲤形目

【**俗名**】红鲤鱼、花脊鱼

【**识别特征**】色彩鲜艳，纯色或者杂色均有。

【**生活习性**】杂食性。性温和，喜群游，易饲养，对水温适应性强。

【**生境**】水体。

【**故事**】公园养殖观赏。极常见。

3

我国华南城市公园常见植物

———————— 3.1 如何看植物 ————————

公园中植物种类繁多,有的高大雄伟,有的矮小柔弱;有的花大色艳,有的"不见花果";有的树影婆娑,有的茕茕孑立。如何看植物,才能像认识新朋友一样了解植物,熟悉植物呢?请跟我来按顺序观察植物吧!

3.1.1 看生活型

我们看植物的时候,总是最先看到它的外形。它是一棵树?是一棵草?还是一根藤?这就是植物的生活型。通常,我们把直立向上生长的,茎干坚硬而支持力强的植物,称为木本植物,也就是一般所说的"树";把低矮的、茎柔软而支持力弱的植物,称为草本植物,即是"草";把不能直立向上生长,而需要依附其他物体才能向上生长的植物,称为藤本植物,即是"藤"。这是对大多数植物而言的简单的分类方法,科学严谨的说法,则还需要看植物茎的结构,木质化程度的多少而定,需要对植物进行细致的解剖学观察,这里不作介绍。

树——乔木

树——灌木

在众多的树中，有明显主干的，高6米以上的高大的树，称为乔木；把没有明显主干的，在树的基部就有多分枝的，高通常在6米以下的植物，称为灌木。当然，这些特征都是针对自然状态下正常生长的成熟植物而言的，对于经过人工修剪或者造型的植物而言，则有可能打破这些规则。如近年流行的多主干丛生苗，即从幼树起对乔木进行截干修剪，促发新枝，多侧枝同时长成高大乔木。此外，乔木和灌木的6米高度划分，也是人为的大致划分，并不绝对。掌握这些简单的判断方法，对于绝大多数植物来讲，已经可以作基本的辨别。

在众多的草中，有的生命周期只有几个月，甚至更短。我们把在一年内完成生命周期的植物称为一年生植物。它们有的在春季种子萌发，夏季繁茂，秋季凋零死亡；有的在秋季种子萌发，冬春繁茂，夏季凋零死亡。有的草可以生活多年，通常成熟后每年都能开花结实，称为多年生植物。

草

藤

3.1.2 看树形

榕树

白兰

蒲葵

小叶榄仁

我们把成年植物在自然状态下的外形称为树形。同种植物，它的树形是相似的，我们可以通过树形初步判断植物的种类。如榕树是扁圆形的；白兰是长卵圆形的；蒲葵是棕榈形的；小叶榄仁是分层明显的塔形；垂柳是垂枝形；凤凰木是伞形等。

垂柳

凤凰木

3.1.3 看花

公园里的一棵植物如果开了花，通常比较容易被人发现。花大色艳，是园林植物的一个重要特征。这里的"花大"，既可以是一朵花的大，也可以是多朵花组成的花序作为整体的大。我们常把一个花柄上着生一朵花，称为单花，如山茶、白兰、朱槿；两朵以上的花着生在一个轴上，称为花序，如火焰树、腊肠树、狗牙花的花。花在花序上排列方式，也是识别植物的重要特征。

单花（山茶）

单花（朱槿） 单花（白兰）

花序（火焰树）

花序（狗牙花）　花序（腊肠树）

　　我们很容易分辨花的颜色，但是在人们的精心培育下，同种植物会
出现不同颜色的花，因而花色对辨别植物的作用被削弱了。一般来说，
乔木的花色较为单一，如大花紫薇颜色为紫红色；腊肠树的花为黄色。
灌木和草本的花色则十分丰富，如紫薇则有红色、粉色、白色、绿色、
黄色等不同花色的品种。

红色（紫薇）　　粉色（紫薇）

白色（紫薇）　　混色（紫薇）

离瓣花（大花紫薇）

如果细看一朵花，可以看到花有花柄、花托、花萼、花冠、雌蕊、雄蕊等结构。有些花冠由若干分离的花瓣组成，称为离瓣花，如大叶紫薇、月季、含笑花；有些花冠的花瓣部分或全部联合，称为合瓣花，如蓝花草、吊瓜树、鸡蛋花等。观察时，可根据花瓣的排列方式或者联合方式进行分辨。

离瓣花（月季） 离瓣花（含笑花）

合瓣花（海南菜豆树） 合瓣花（蓝花草）

合瓣花（鸡蛋花）

　　值得注意的是，近年流行的观赏草的花个体小，组成花序，花序下常密生柔毛，形似羽毛，有绿、金黄、红棕、银白等各种颜色。

狼尾草的花序

蒲苇的花序

3.1.4　看果实

　　日常生活中，我们接触到的果实非常多，如桃、荔枝、葡萄等，它们有肥厚多汁的结构，称为肉果；还有核桃、瓜子、花生等，它们果皮脱水干燥，称为干果。果实在形状上，有圆形、椭圆形、扁圆形、带状、圆柱形等。果实中种子的数量也差别很大，如荔枝、桃等有1粒种子；葡萄、黄皮等有多粒种子。观察果实的结构、形状、种子的数量，都有助于我们辨别植物。

果实圆形（铁冬青）

果实椭圆形（毛果杜英）

果实扁圆形（蓝花楹）

果实圆柱形（鸡冠刺桐）

果实带状（凤凰木）

3.1.5　看叶

世界上没有两片完全一样的叶。我们看叶的时候首先会看到它的形状，有椭圆形、卵形、披针形、心形等，难以穷尽。但是有两个特征是可以反映叶片的形状的，一是叶的长度和宽度的比例，二是叶片最宽处的位置。同一棵植物的叶的形状是相似的，但上部叶和下部叶、树冠外层叶和内膛叶，它们的大小和形状可能略有不同。还有的植物，在不同的生长阶段或者植株不同的部位有不同形态的叶，需要根据实际植物进行观察。

心形

椭圆形

卵形

披针形

剑形

马蹄形　提琴形

盾形

倒卵形

条形　针形

看叶片的基部，有的是楔形的，有的是钝圆的，有的是心形的等。

叶基钝圆

叶基楔形

叶基心形

叶基偏斜

看叶片的边缘，有的是全缘的，有的是有锯齿的，有的是分裂的。根据叶缘锯齿的大小、疏密；叶裂的深度，可以很好地辨别叶片。

叶缘全缘　叶缘波状

叶缘有锯齿　叶缘浅裂

叶缘深裂　叶缘全裂

看叶片的先端同样各有不同，有的渐尖，有的钝圆，有的有长尾尖等。

叶先端骤尖

叶先端渐尖

叶先端钝圆　叶先端尾尖

叶片的基部、边缘、先端三个特征是对叶片形状的细化；有助于我们区别形态相近的植物种类。

接着，我们可以看到有的叶是独立着生在枝条上的，称为单叶；有的叶是有两个以上的叶片长在一个总的叶柄上，再着生在枝条上的，称为复叶；这个总的叶柄，称为叶轴；每个叶片称为小叶。根据小叶在叶轴上的排列方法不同，复叶又分为羽状复叶、掌状复叶、三出复叶、单身复叶等。

单叶

三出复叶

羽状复叶　掌状复叶

　　然后，叶在枝条上的排列也不同。叶在枝条上的排列方式称为叶序。枝条上着生叶的位置叫作节；节上着生一枚叶的，称为互生；节上着生两枚叶的，称为对生；节上着生三枚或以上叶的，称为轮生。

此外，现代育种技术常培育出彩色叶的植物。这些彩色叶植物除了叶色外，叶的其他特征与原来绿色叶的相同。如红背桂、栀子等。

花叶品种（红背桂）　本种（红背桂）

花叶品种（栀子）　本种（栀子）

　　通过辨别叶形、单叶和复叶、叶序，在无花无果时也可以很好地辨别植物的种类。

3.1.6 看树皮

　　看植物的树皮，可以从颜色、开裂情况、枝痕、是否有刺等方面着手。多数植物的树皮是灰黑色、灰白色的，也有的植物的树皮是红褐色的，白色的，绿色的，等等。植物在不同生长阶段树皮颜色可能不同，如樟树，幼树和小树的树皮是绿色的，而壮年树的树皮则为暗红褐色；幼树树皮光滑，老树树皮纵裂。白兰树皮灰白色，光滑，但有眼状的枝痕。木棉树皮灰黑色，有盔甲状的刺。

树皮纵裂

树皮有刺，绿色

树皮片状剥落　树皮光滑，白色

　　这样，通过生态型、树形、花、果实、叶和树皮这六看，我们就可以掌握植物的特征，正确地识别植物了。请您试一试吧！

3.2　常见乔木

　　乔木是直立生长的有明显主干且高在6米以上的植物。它们有的终年常绿，有的每年落叶。由于华南气候湿热，植物生长期长，落叶晚，从秋天到夏天均有不同植物出现集中落叶的现象，需要认真观察。乔木高大雄伟，在公园中常做园景树、遮阳树、行道树等。

3.2.1 澳洲鸭脚木 *Schefflera actinophylla* 五加科

【俗名】伞树、昆士兰伞木、辐叶鹅掌柴

【识别特征】常绿乔木，树形呈高伞形。掌状复叶，叶柄长，小叶数量随植株成长逐渐增加，幼时4～5片，至乔木时可达16片。小叶长椭圆形，边缘全缘。圆锥花序立于株顶，单花小，红色。果实成熟时紫红色。

【观赏特点】株形紧凑。掌状复叶大，叶色碧绿，脱落前鲜黄，是华南地区优良的观形和观叶树种。常一株或一丛栽植，或列植在墙边道旁，还可以作盆栽。

【植物故事】再生能力强，冬季截干后可于翌年春天恢复生长，形成饱满树形。常用此法更新复壮，降低株高。抗SO_2污染能力较强。花蜜量大，可吸引多种鸟类和昆虫。

3.2.2 白兰 *Michelia×alba* 木兰科

【俗名】白玉兰、白兰花、缅栀、缅桂

【识别特征】常绿乔木。树冠宽伞形。树皮灰白色，茎干有眼状的枝痕。叶长椭圆形或披针状椭圆形，揉碎有芳香。花单生于叶腋，白色或略带黄色，极香；花被片10片。通常不结实。托叶痕的位置是识别它的重要特征。

【观赏特点】树形优美，叶亮绿色。花香宜人，花期长。常作行道树、庭荫树，是著名的香花树种。

【植物故事】花可提取香精或薰茶，也可提制"白兰花浸膏"供药用，有行气化浊、治咳嗽等效。鲜叶可提取香油，称"白兰叶油"，可供调配香精。极少结实，多用嫁接繁殖，也可用空中压条或靠接繁殖。

3.2.3　白千层　*Melaleuca cajuputi* subsp.*cumingiana*　桃金娘科

【俗名】脱皮树、千层皮、玉树、玉蝴蝶

【识别特征】常绿乔木。树体高大。树皮灰白色，厚而松软，呈薄层状剥落。叶革质，披针形或窄长圆形，揉碎有芳香。花白色，排成长达15厘米的穗状花序，似试管刷。

【观赏特点】树体高大雄伟，树皮灰白色，层层剥落却不落干净，富有沧桑感。常作行道树和园景树。

【植物故事】原产澳大利亚。从白千层的枝叶中加工提炼出的"茶树油"被称为"澳大利亚黄金"，是澳洲土著传说中神奇的肌肤治疗用品，具有抗菌、消毒、止痒、防腐等作用，是洗涤剂、美容保健品等日用化工品和医疗用品的主要原料之一。白千层树皮易引起火灾，不能用于造林，但白千层本身已经适应了大火，燃烧能使种子释放、萌发，并由风和水传播出去。

3.2.4　垂叶榕　*Ficus benjamina*　桑科

【俗名】小叶垂榕、垂枝榕、垂榕、雷州榕

【识别特征】常绿乔木。全株具白色乳汁。有气生根，但不甚发达。树皮灰色，平滑。小枝下垂。叶薄革质，亮绿色，有光泽，卵形或卵状椭圆形，先端有长尾尖。

【观赏特点】植株高大，枝叶茂密，亮绿色，有光泽，小枝略垂，婆娑优美。常作行道树、园景树，也可密行植作高篱。

【植物故事】耐修剪能力极强，可制成艺术盆景和桩景；还可修整成圆球形、长卵形、方形、圆柱形等多种形状树冠。适应性强，抗有害气体及烟尘的能力极强。榕果可招引多种鸟类，树冠可提供隐蔽环境，是优良的引鸟树种。易受榕管蓟马为害，嫩叶卷曲，展开后可见叶面有被吸食形成的斑点。

常见品种有：

a.黄金垂榕'Golden Leave'，叶色金黄至黄绿色。

b.花叶垂榕'Variegata'，叶淡绿色，有不规则的黄色或白色斑块。

3.2.5　垂枝红千层　*Callistemon viminalis*　桃金娘科

【俗名】串钱柳、澳洲红千层

【识别特征】常绿大灌木或小乔木。树皮灰色，纵裂。枝条长，柔软下垂，幼枝和幼叶有白色柔毛。叶条形，灰绿色。穗状花序生于枝端，下垂，花红色。花期长，可从春季开到秋季。

【观赏特点】枝条长而柔软下垂，一串串红花垂于枝端，随风飘动，十分美丽。常用作行道树、园景树。

【植物故事】垂枝红千层耐水湿，适合种在水岸。耐修剪，可制作盆景。不耐移植。枝叶可提取精油，具有抑菌和杀菌作用。抗大气污染。

3.2.6 大花紫薇 *Lagerstroemia speciosa* 千屈菜科

【俗名】百日红、大叶紫薇

【识别特征】落叶乔木。树皮灰色，平滑。叶椭圆形，叶脉明显，边缘波状，叶柄短。圆锥花序顶生，花紫红色，花瓣6枚，边缘卷曲。结实量大，果实近圆形，成熟时6裂。种子有薄翅。

【观赏特点】季相明显。冬春季老叶变红，脱落，春季嫩叶红绿色，夏秋季花多色艳，秋冬季果实累累，是优良的观花、观叶树种。常作园景树和行道树。

【植物故事】大花紫薇果实量大，但不可食，种子有麻醉性。现培育出败育品种，不结果实，可延长花期。

3.2.7 吊灯树 *Kigelia africana* 紫葳科

【俗名】吊瓜树

【识别特征】常绿乔木。树冠广伞形。奇数羽状复叶，小叶7～9枚。圆锥花序下垂，长50～100厘米，小花稀疏，花冠橘黄或褐红色。果下垂，圆柱形，坚硬，肥硕，褐色，不开裂。

【观赏特点】四季常青，开花成串下垂，花大艳丽，果实硕大，经久不落。常作园景树和遮阳树。

【植物故事】吊灯树的果实硕大，而且产果量大，但果实含木纤维极多，不可食用。

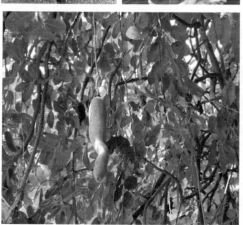

3.2.8 短穗鱼尾葵 *Caryota mitis* 棕榈科

【俗名】丛生鱼尾葵、丛生孔雀椰子、酒椰子

【识别特征】常绿。丛生。茎上叶痕明显，像竹节。叶长3~4米，裂片不规则，像鱼尾巴。花序短，下垂，花瓣淡绿色。果球形，成熟时紫红色。

【观赏特点】树形美观，层次丰富，叶形奇特，常作园景树。也可作大中型盆栽。

【植物故事】茎的髓心含淀粉，可供食用。花序液汁含糖分，供制糖或酿酒。果实成熟后被白色草酸钙结晶，触碰后引起强烈瘙痒。

3.2.9　二乔玉兰　*Yulania × soulangeana*　木兰科

【俗名】二乔木兰

【识别特征】落叶小乔木。叶倒卵形，先端宽圆。花蕾卵圆形，先花后叶，花紫色或有时近白色。

【观赏特点】先花后叶，花大色艳，早春开花，常作园景树。

【植物故事】玉兰与辛夷的杂交种。花叶不相见。

3.2.10 枫香树 *Liquidambar formosana* 金缕梅科

【俗名】路路通、山枫香树

【识别特征】落叶乔木。树皮灰褐色，方块状剥落；叶掌状3裂。雄花序短穗状，雌花序头状。头状果序圆球形，木质。

【观赏特点】叶形和果形奇特，秋冬叶色变红，落叶。可用作园景树。

【植物故事】枫香树耐火烧，萌生力极强。树脂入药能解毒止痛，止血生肌；根、叶及果实入药可祛风除湿，通络活血。木材可制家具及贵重商品的装箱。

3.2.11 凤凰木 *Delonix regia* 豆科

【俗名】火凤凰、金凤花、红楹、火树、红花楹、凤凰花

【识别特征】落叶乔木，树冠扁圆形，分枝多而开展如伞。二回偶数羽状复叶，羽片15～20对，小叶25对。伞房状总状花序顶生或腋生；花大而美丽，鲜红至橙红色，花瓣5枚，其中一枚内侧基部有黄、白色的斑点。荚果带形，扁平，成熟时黑褐色，可持续到翌年花期。

【观赏特点】树冠如伞；叶细如羽，轻盈；花大成簇，满树通红。常作园景树。

【植物故事】凤凰木原产马达加斯加，清代引入中国。在初夏开花，常和学生毕业相联结，如歌曲《毕业生》的歌词，有离愁，也有鼓励毕业生热烈地拥抱新生活，开创新未来之意。同时是汕头大学、厦门大学以及台湾成功大学的校花。也是台南、厦门、深圳、汕尾的市树，汕头的市花。郭小川诗言"木棉树开花红了半空，凤凰树开花红了一城"。

3.2.12　高山榕　*Ficus altissima*　桑科

【俗名】高榕、万年青、大青树、大叶榕、鸡榕

【识别特征】常绿。树冠大，近树干处有明显的气生根，常起到支柱作用。叶革质，宽卵形，边缘全缘。榕果橙黄色，成对腋生。

【观赏特点】树冠大而浓密，常作园景树遮阳树。

【植物故事】高山榕气生根丰富，容易形成独木成林景观。在云南西双版纳地区，傣族、布朗族等少数民族将高山榕看作神树，倍加崇拜，所以特别喜欢将它种植在村寨或寺庙周围，精心养护。

3.2.13　宫粉羊蹄甲　*Bauhinia variegate*　豆科

【俗名】宫粉紫荆、洋紫荆、弯叶树、红花紫荆、红紫荆、羊蹄甲

【识别特征】落叶乔木。枝稍呈之字曲折。叶近圆形，宽度常超过于长度，

先端2裂达叶长的1/3。花大，紫红色、淡红色或白色，有时杂以黄绿色及暗紫色的斑纹。荚果带状，扁平。花期全年，3月最盛。

【观赏特点】花大，美丽而略有香味，盛花时无叶，常做景观树。

【植物故事】花芽、嫩叶和幼果可食用。花期长，是良好的蜜源植物。

3.2.14　构　*Broussonetia papyrifera*　桑科

【俗名】毛桃、谷树、谷桑、楮、楮桃、构树

【识别特征】落叶。树冠开展。树皮不易裂。小枝密生柔毛。叶异型，边缘不裂至5裂，上面粗糙，基出3脉；全株含乳汁。雌雄异株，雄花序为柔荑花序，粗壮，雌花序和果实均为球形，果实成熟时橙红色。

【植物故事】生命力特强，生长快，萌芽力和分蘖力强，耐修剪，适应性强，易繁殖，在我国南北各地均有分布。在光照充足处稍有土壤即可繁殖生长，在公园、绿地、路边常见。非园林栽培种，常成为园林杂树。果实是很好的鸟类食源，叶是很好的猪饲料，韧皮纤维是造纸的高级原料，树液可治皮肤病。

3.2.15　海南菜豆树　*Radermachera hainanensis*　紫葳科

【俗名】绿宝、幸福树、大叶牛尾林、牛尾林、大叶牛尾连

【识别特征】常绿。一至多回羽状复叶，深绿色。花黄绿色，钟状。朔果长条形。

【观赏特点】树形美观，枝繁叶茂，耐修剪，常作大型室内盆栽；花量大，几乎四季开花，也可作行道树和园景树。

【植物故事】木材美观，是优良家具材和美工材。

3.2.16　海南蒲桃　*Syzygium hainanense*　桃金娘科

【俗名】乌墨

【识别特征】常绿。叶对生，有光泽，叶脉
细密。果实椭圆形，成熟时紫黑色。

【观赏特点】冠大荫浓，常作行道树。

【植物故事】木材是造船、建筑等重要用材。
果实可食用，也是鸟类食源，可作招鸟树种。

3.2.17 红花羊蹄甲 *Bauhinia×blakeana* 豆科

【俗名】红花紫荆、洋紫荆、紫荆花、艳紫荆

【识别特征】常绿。叶近圆形，先端2裂为叶全长的1/4 ~ 1/3，裂片顶钝或狭圆。花紫红色，花瓣5枚。通常不结果。

【观赏特点】花大，紫红色，艳丽，花期全年，冬春季盛花，繁英满树。常做行道树和园景树。

【植物故事】为羊蹄甲（*Bauhinia purpurea*）和洋紫荆（*Bauhinia variegata*）的杂交种，起源于香港，为香港特区区旗图案和市花。因不结果，常用阔裂叶羊蹄甲、白花羊蹄甲、琼岛羊蹄甲等为砧木嫁接，故部分植株可见基部开出砧木的花并结实。

3.2.18 红花玉蕊 *Barringtonia acutangula* 玉蕊科

【**俗名**】棋盘脚

【**识别特征**】常绿。叶集生在枝顶，椭圆形至长倒卵形。总状花序生于无叶老枝或枝顶，下垂。总状花序生于无叶老枝或枝顶，雄蕊多数，花丝和花柱长，红色。

【**观赏特点**】花序下垂，花红色，如一串串鞭炮。常做园景树。

【**植物故事**】终年开花，6～8月盛花。花暮开朝落，有特殊气味。长在淡水河、湖旁，形成特殊的河岸景观，有"淡水红树林"美称。

171

3.2.19 黄葛树 *Ficus virens* 桑科

【俗名】黄葛榕、大叶榕、黄桷树、黄葛树、绿黄葛树

【识别特征】半落叶。气生须根少。树冠广展。有板根或气生根。叶披针形，叶柄长，叶脉明显。常年挂果，果生于已落叶枝上。

【观赏特点】树冠广展，春季落叶时满树金黄，落叶后紧接着长出嫩绿色新叶，托叶全落，数天内完成，十分壮观。常见邻近数株间物候差异，有满树黄叶、老叶全落、新叶全展的不同状态。常作园景树、遮阴树和行道树。

【植物故事】诸葛亮为治理锦江水患，在黄龙溪镇王爷坎种下一棵镇水神树即为黄葛树。唐代柳宗元的《柳州二月榕落尽·偶题》诗描写黄葛树叶落的景象："宦情羁思共凄凄，春半如秋意转迷。山城雨过百花尽，榕叶满庭莺乱啼。"

3.2.20　黄花风铃木　*Handroanthus chrysanthus*　紫葳科

【俗名】黄钟木、巴西风铃木、黄金风铃木

【识别特征】落叶。树皮有深刻裂纹。掌状复叶，有毛。花冠金黄色，风铃状。果实长圆形，有毛，种子有翅。

【观赏特点】春季3～4月开花，先花后叶，满树金黄。常做园景树或行道树。

【植物故事】生长快，适应性强，花大，艳丽，量大而集中，近年大量应用在园林绿化中，形成乔木花海景观及花带景观。巴西国花。

3.2.21　黄槐决明　*Cassia surattensis*　豆科

【俗名】黄槐

【识别特征】常绿。树冠圆形。树皮光滑，灰褐色。偶数羽状复叶，小叶7～9对。花黄色，花瓣5枚。果实带状。

【观赏特点】花果期全年。花量大，鲜艳。常做园景树。

【植物故事】不抗风，受害后树干歪斜或折断，适合种在避风处。

3.2.22 黄金串钱柳 *Melaleuca bracteata* 'Revolution Gold'
桃金娘科

【俗名】黄金香柳、千层金、金叶白千层

【识别特征】常绿小乔木。树冠锥形。主干直立，树皮灰黑色，纵裂。枝条密集、细长、柔软，下垂。叶金黄色，披针形，有芳香。穗状花序生于枝顶，花白色。

【观赏特点】树冠金黄柔美，是优良的彩叶树种。常用作景观树、庭院树和行道树。还可修剪成球形、伞形、金字塔形等各式各样的形状点缀园林空间。

【植物故事】枝叶散发香气，晚上更为浓郁，可净化空气和杀菌，在芳香园里常用。枝叶用于提炼精油，制作香水，也可用作香薰或熬水、沐浴等，清新香气，并且具有舒筋活络等保健功效。对SO_2和Cl_2有较强的抗性。

3.2.23 黄槿 *Hibiscus tiliaceus* 锦葵科

【俗名】盐水面头果、万年春、海麻、桐花、右纳

【识别特征】常绿灌木或小乔木。树冠呈圆伞形。树皮灰白色。叶近圆形或宽卵形，基部心形，叶柄长。花黄色，花冠钟形，花瓣5枚。蒴果卵圆形，被绒毛。

【观赏特点】黄槿树冠呈圆伞形，枝繁叶茂，花多色艳，花期长，常做园景树和行道树；还可做盆栽、桩景。

【植物故事】黄槿树皮纤维可以制成绳索；嫩枝叶可当蔬菜食用；木材可以用于建筑、造船和做家具。黄槿是强抗盐植物，能大量富集铜、锌和镉等重金属。黄槿枝干不抗风，在台风中易吹折，但黄槿再生能力强，次年即可重新长成圆伞形树冠，可作为海岸防沙、防风、防潮的树种，在海岸带群植作防风固沙林。

3.2.24　幌伞枫　*Heteropanax fragrans*　五加科

【俗名】五加通、大蛇药、心叶幌伞枫、狭叶幌伞枫、凉伞木、广伞枫

【识别特征】常绿乔木。树皮淡灰棕色，纵裂。叶集生在枝顶，每枝呈幌伞状。叶大，三至五回羽状复叶，直径达50～100厘米；小叶片椭圆形，边缘全缘。圆锥花序顶生，花淡黄白色，芳香；果实卵球形，黑色。

【观赏特点】株形奇特，树冠圆整，常做园景树，也可做盆栽。

3.2.25　火焰树　*Spathodea campanulate*　紫葳科

【俗名】火焰木、郁金香树、喷泉树

【识别特征】常绿或半落叶乔木。树冠卵球形或伞状扁球形。树皮平滑，灰褐色。奇数羽状复叶；小叶片具柔毛，摸起来柔软。花序成扁球形，顶生，花密集；花冠钟状，先端5裂，边缘有橘黄色纹，具纵褶纹，外面橘红色，内面橘黄色。蒴果牛角状，种子有膜翅，近圆形。

【观赏特点】树形优美，树冠浓密，花大，集生在枝顶，如火焰，是常用的园景树。

【**植物故事**】原产非洲。花蕾富含水分，撕开如喷泉，可饮用，故名喷泉树。由鸟类传粉，昆虫贪食花蜜进入花内往往死亡，因而花冠内常可见昆虫尸体。

3.2.26 鸡冠刺桐 *Erythrina crista-galli* 豆科

【俗名】巴西刺桐

【识别特征】落叶。嫩茎和叶柄有刺。三出复叶。总状花序顶生，花红色，一枚花瓣特别大（旗瓣）。夹果圆形，节间缢缩。

【观赏特点】花开时满树通红，如一串串辣椒，花形奇特。常作园景树。

【植物故事】原产巴西。

3.2.27　假槟榔　*Archontophoenix alexandrae*　假槟榔

【俗名】亚历山大椰子

【识别特征】常绿。树干高而细，有密生的环状叶痕。叶羽状全裂，裂片二列，整齐。

【观赏特点】树高而细，叶集生在茎顶，飘逸潇洒，常做园景树或行道树，有热带风情。

【植物故事】原产澳大利亚。

3.2.28 腊肠树 *Cassia fistula* 豆科

【俗名】猪肠豆、阿勃勒、波斯皂荚、牛角树、阿里勃勒、大解树

【识别特征】落叶。偶数羽状复叶，黄绿色。总状花序下垂，花鲜黄色。荚果圆柱形，成熟时黑色。花期6～8月，果期10月。

【观赏特点】花序大而下垂，盛花时如满天黄蝶飞舞。果实如串串腊肠，可一直挂到翌年花期。常做园景树和行道树。

【植物故事】树皮可作红色染料。根、树皮、果瓤和种子均可入药作缓泻剂，故名"大解树"。木材坚重，耐朽力强，光泽美丽。

3.2.29 蓝花楹 *Jacaranda mimosifolia* 紫葳科

【俗名】蓝楹、含羞草叶楹、巴西紫葳、蓝雾树、紫云木

【识别特征】落叶。二回奇数羽状复叶，小叶细密。总状花序，花钟状，蓝紫色。果实扁圆形。全年可开花，春季盛花。

【观赏特点】开蓝紫色花，是珍稀的观花乔木。常用作园景树或行道树。

【植物故事】蓝花楹的花语是宁静、深远、忧郁，在绝望中等待爱情。

3.2.30 荔枝 *Litchi chinensis* 无患子科

【俗名】离枝

【识别特征】常绿。树皮不裂。偶数羽状复叶，小叶2～4对，叶面有光泽，背面粉绿色。果实卵圆形，熟时红色。食用部分为假种皮。

【观赏特点】嫩叶发红，硕果累累，赏食两宜。可作园景树。

【植物故事】荔枝是岭南佳果。苏东坡有"日啖荔枝三百颗，不辞长作岭南人"句。杜牧有"一骑红尘妃子笑，无人知是荔枝来"句，故有品种"妃子笑"。增城"挂绿"品种为荔枝名品。荔枝常植于水边，广州有景点"荔枝湾"，即因涌岸遍植荔枝得名。荔枝木材坚实，纹理雅致，耐腐，为上等名材。

3.2.31 林刺葵 *Phoenix sylvestris* 棕榈科

【俗名】银海枣、橙枣椰

【识别特征】常绿。树冠半球形；茎残留有叶柄基部；叶长3～5米，羽状分裂，裂片呈2～4列排列，下部裂片变为刺状。

【观赏特点】树形挺拔美观，常列植营造隆重氛围。

【植物故事】残留的叶柄基部常附生肾蕨或其他植物，造成奇特景观。

3.2.32　瘤枝榕　*Ficus maclellandii*　桑科

【俗名】亚里垂榕、柳叶榕、长叶垂榕、竹叶榕

【识别特征】常绿。树皮灰色，平滑；小枝密被瘤体。叶革质，幼年时叶狭披针形，成年时椭圆状卵形，基部叶脉羽状。

【观赏特点】株形紧凑，叶片青绿下垂。常作行道树、绿篱，也可作盆栽。

【植物故事】栽培的"亚里垂榕""柳叶榕""长叶垂榕""竹叶榕"都是本种。而植物学上真正的"亚里垂榕（*Ficus binnendijkii* 'alii'）""柳叶榕（*Ficus celebensis*）""竹叶榕（*Ficus stenophylla*）"少见栽培。

3.2.33　龙眼　*Dimocarpus longan*　无患子科

【俗名】羊眼果树、桂圆、圆眼、荔枝奴

【识别特征】常绿。树皮纵裂。偶数羽状复叶，小叶3～6对，叶脉明显可见。果实圆形，成熟时灰黄色。食用部分为肉质假种皮。

【观赏特点】终年常绿，硕果累累。常作庭园树。

【植物故事】主要作为鲜果、果干食用。木材坚实，暗红褐色，耐水湿，是优良材。

3.2.34 罗汉松 *Podocarpus macrophyllus* 罗汉松科

【俗名】土杉、罗汉杉、狭叶罗汉松

【识别特征】常绿。树皮浅裂，成薄片状脱落。枝条开展。叶螺旋状着生，革质，中脉明显。种子近球形，成熟时假种皮紫黑色，被白粉，肉质种托椭圆形，紫红色。

【观赏特点】终年深绿，挺拔，易造型。常作造型树。

【植物故事】寓意长寿、守财、吉祥。

3.2.35　落羽杉　*Taxodium distichum*　柏科

【俗名】落羽松

【识别特征】落叶。树干基部膨大，具膝状根；树皮棕色，裂成长条片；叶线形，排成羽状2列。球果圆形，被白粉。

【观赏特点】春夏秋三季枝繁叶茂，冬季小枝及叶变为古铜色。常植于水边形成色叶景观。

【植物故事】种子是鸟类、松鼠等的食物，可作为招鸟、招松鼠树种。

3.2.36　变种：池杉　*Taxodium distichum var. imbricatum*　柏科

【俗名】沼落羽松、池柏、沼杉

【识别特征】叶钻形，微内曲，在枝上螺旋状伸展。其他似落羽杉。

3.2.37　旅人蕉　*Ravenala madagascariensis*　鹤望兰科

【俗名】旅人木、扁芭槿、扁芭蕉、扇芭蕉、水木、孔雀树、水树

【识别特征】常绿。叶两列，相互套叠排于茎顶，扁平，叶片长圆形，似蕉叶。

【观赏特点】树形扁平，奇特，叶大如蕉，常作园景树。

【植物故事】旅人蕉叶柄内贮藏有大量水分，可供旅人饮用，故名"旅人蕉"，也叫"水树"。旅人蕉是"国际植物园保护联盟（Botanic Gardens Conservation International，BGCI）"的图标。

3.2.38 麻楝 *Chukrasia tabularis* 楝科

【俗名】白椿、毛麻楝

【识别特征】常绿。偶数羽状复叶，小叶5～8对，互生，纸质。蒴果近球形，3～4瓣裂。

【观赏特点】树冠近圆形，枝叶繁茂，常作行道树。

【植物故事】木材芳香，坚硬，有光泽，易加工，耐腐。弦切面的纹理云彩缤纷，状若秀阁，颇为美观，是制作上等家具及造船、房屋建筑的优质用材。

3.2.39　杧果　*Mangifera indica*　漆树科

【俗名】芒果

【识别特征】常绿。树冠圆形至长圆形。树皮灰黑色。叶长圆形，深绿色，侧脉明显。圆锥花序顶生，花多而密，小，有香味。果实肾形。

【观赏特点】枝繁叶茂，四季常青，常作行道树。

【植物故事】岭南佳果。叶和树皮可作黄色染料。木材坚硬，耐海水。抗污染能力强。最初由唐朝的玄奘法师从印度传入中国。

3.2.40 毛果杜英 *Elaeocarpus rugosus* 杜英科

【俗名】尖叶杜英、长芒杜英

【识别特征】常绿。树冠塔形。树干基部有板根。树皮光滑。叶聚生枝顶，倒卵状披针形。总状花序，花下垂，花瓣先端撕裂成流苏状。核果椭圆形。

【观赏特点】基部有板根，树冠呈宝塔形，巍峨壮观。花蕾如小辣椒，花开如串串风铃，随风摇曳。常作行道树和遮阴树。

【植物故事】挺拔的板状根，发达的根系有助于抵抗沿海的狂风暴雨。

3.2.41　美丽异木棉　*Ceiba speciosa*　锦葵科

【俗名】美人树、美丽木棉、丝木棉

【识别特征】落叶。树冠伞形。树干下部膨大，幼树树皮绿色，密生圆锥状皮刺，老时脱落。掌状复叶，小叶边缘有细锯齿。花紫红色，果实椭圆形。

【观赏特点】花期由夏至冬，以冬季为盛，满树繁花。果实裂开后露出"棉花团"，十分软萌可爱。常做园景树或行道树。

【植物故事】原产南美洲。

3.2.42 木棉 *Bombax ceiba* 锦葵科

【俗名】英雄树、红棉、攀枝花

【识别特征】冬春季落叶。树形呈宝塔形，树干有圆锥状的粗刺。掌状复叶，小叶5～7枚，边缘全缘。花红色，少见橙色、黄色。花瓣5枚。果实成熟后开裂，有棉絮带着种子飘落。

【观赏特点】木棉树体高大、雄伟，开花前树叶金黄色，在春光中十分耀眼。落叶后几天内开花，满树通红，蔚为壮观。常用作景观树和行道树。

【植物故事】木棉是广州市的市花。中国南方航空公司的航徽即由木棉花抽象而来。木棉棉絮可以制作棉袄、毯子、坐垫、枕芯等。木棉花晒干后可以解毒清热，驱寒去湿，是广东凉茶"五花茶""祛湿茶"的材料之一，也可用来煮粥或者煲汤。木棉引鸟效果很好，但主要由蝙蝠传粉。由于无叶遮挡，常可花、鸟共赏。近年由于人们对木棉飘絮多有意见，部分城市已不再将木棉推荐为行道树种，"一路木棉如火"的景象将日渐减少。

3.2.43　南洋杉　*Araucaria cunninghamii*　南洋杉科

【俗名】猴子杉、肯氏南洋杉、细叶南洋杉

【识别特征】乔木，树冠塔形。树皮灰褐色，横裂。侧生小枝密集，下垂，叶排列疏松。

【观赏特点】树冠塔形，枝叶奇特。常作园景树，亦可作室内盆栽。

【植物故事】和雪松、日本金松、北美红杉、金钱松合称为世界5大公园树种。不抗风，受风害后树体偏斜。

3.2.44　柠檬桉　*Eucalyptus citriodora*　桃金娘科

【俗名】靓仔桉，林中仙子

【识别特征】常绿。树皮灰白色，光滑，每年脱落。叶披针形，有芳香。

【观赏特点】树体高大秀丽，树皮光滑洁白。常作行道树和园景树。

【植物故事】枝叶含芳香油，可提取多种香料原料，用于香皂、香水、化妆品香精。

3.2.45 菩提树 *Ficus religiosa* 桑科

【俗名】思维树、菩提榕、觉树、沙罗双树、印度菩提树、黄桷树

【识别特征】树皮灰白色。叶卵圆形，有长尾尖，叶脉明显。

【观赏特点】树形高大，冠幅广展，常做庭园树和行道树。

【植物故事】佛教"五树六花"之一，传说佛祖释迦牟尼在菩提树下修成正果。唐朝时僧人神秀与慧能借物论道，神秀诗："身是菩提树，心如明镜台，时时勤拂拭，莫使惹尘埃"；慧能诗："菩提本无树，明镜亦非台，本来无一物，何处惹尘埃。"二人开创了"南能北秀"的北宗禅和南宗禅。

3.2.46 蒲葵 *Livistona chinensis* 棕榈科

【俗名】葵树

【识别特征】常绿。树干高而细，叶扇形，掌状深裂至中部，裂片先端裂成
2丝状下垂小裂片。

【观赏特点】四季常青，叶大，常列植于水边，营造热带风光。

【植物故事】广东江门新会世称"葵乡"，具有千年葵艺文化，可制作500
多种制品；新会葵艺被列为国家级非物质文化遗产，其中最著名的是"火画
扇"，被称为"南粤一绝"。

3.2.47　蒲桃　*Syzygium jambos*　桃金娘科

【俗名】水蒲桃、广东蒲桃

【识别特征】常绿。树皮灰色，不裂。叶对生，披针形，浓绿色。花绿白色，花萼和花瓣小而不明显，花丝多数而长，绿白色。果实圆形，种子镂空，可摇动。

【观赏特点】四季常青，果实累累，常植于水边作行道树。

【植物故事】果实可食用，有独特香气。景观用的蒲桃树上果实幼时常被实蝇寄生，造成落果，不可食用。可作招鸟树种。

3.2.48 秋枫 *Bischofia javanica* 叶下珠科

【俗名】茄冬、秋风子、大秋枫、红桐、过冬梨、朱桐树、乌杨

【识别特征】常绿。树皮红褐色，薄片状剥落。叶为三出复叶，叶缘有齿。果实圆形，褐色。

【观赏特点】树大冠浓，常作行道树和遮阴树。

【植物故事】雌雄异株。雌株结实量大，是良好的招鸟植物。叶能分泌杀菌素，杀死空气中的病菌和微生物，对人类有一定的保健作用。

3.2.49　人面子　*Dracontomelon duperreanum*　漆树科

【俗名】银莲果、人面树、银稔、仁面果

【识别特征】常绿。树皮斑状脱落，可见斑痕。奇数羽状复叶，小叶互生，有光泽。核果扁球形，成熟时黄色。

【观赏特点】树冠圆整，冠大荫浓，常作行道树和遮阳树。

【植物故事】夏季大量落叶，十分壮观。果可食用，核上有5个凹点，形似人脸，因而得名。

3.2.50 榕树 *Ficus microcarpa* 桑科

【俗名】细叶榕、赤榕、红榕、万年青

【识别特征】常绿。气生根多，下垂。树冠广展。叶革质，椭圆形，深绿色，侧脉不明显。

【观赏特点】冠大阴浓，独树成林，常作孤赏树、遮阳树和行道树。还可作盆景。

【植物故事】广东新会小鸟天堂、广西阳朔大榕树景点均以榕树闻名。榕树是福建省省树，福州市和江西赣州市市树，福州又称"榕城"。榕树是岭南盆景的五大名树之一，有大量名品。

品种'Golden Leaves'，也叫"黄金榕"或"金叶榕"，新叶乳黄色至金黄色，后变为绿色。常作地被、绿篱和灌木球。

品种'Ginseng'为人参榕，也叫榕树瓜，地瓜榕，根部膨大似人参，常作盆景。

品种'Crassifolia'，为金钱榕，叶近圆形，常作盆景。

3.2.51 扇叶露兜树 *Pandanus utilis* 露兜树科

【俗名】红刺露兜、红刺露兜树、红刺林投、红章鱼树、旋叶露兜树，时来运转

【识别特征】常绿，多分枝，基部有粗壮的支柱根。叶螺旋状着生于枝顶，剑形，叶缘及背面中脉有细小红刺。雌雄异株，雄花序下垂；聚花果球形，下垂。

【观赏特点】支柱根如章鱼，叶螺旋状上升，挺拔，果如菠萝状。常作为景观树，或作为大型盆栽。

【植物故事】叶螺旋状上升，挺拔，寓意"时来运转"，在商场、别墅等常用。叶可用于包粽子和做糯米饭。果肉可食用，但坚硬而少。种子为手串"滴血莲花"来源，瓣数越多越珍贵。

3.2.52　水石榕　*Elaeocarpus hainanensis*　杜英科

【俗名】海南胆八树、海南杜英、水柳树

【识别特征】常绿。树冠宽广。树皮灰黑色，不裂。叶浓绿色，长圆形。总状花序下垂，花蕾倒锥形；花瓣先端流苏状，白色。果实纺锤形。

【观赏特点】花果期如满树挂着串串小铃铛，十分有趣。常植于水边。

3.2.53　丝葵　*Washingtonia filifera*　棕榈科

【俗名】华棕、老人葵、加州蒲葵、华盛顿棕、华盛顿棕榈、壮裙棕、华盛顿葵、穿裙子树

【识别特征】常绿。树干略粗壮。叶大型，掌状分裂至中部，每裂片先端又再分裂，在裂片之间及边缘具灰白色的丝状纤维，中央的裂片较宽，两侧的裂片较狭和较短而更深裂。

【观赏特点】植株高大雄壮，叶大，四季常绿。常做园景树。

【植物故事】叶裂片之间具有白色丝状纤维，如苍苍须发，故又称"老人葵"。干枯的叶子下垂覆盖于茎干似裙子，称为"穿裙子树"。

3.2.54　糖胶树　*Alstonia scholaris*　夹竹桃科

【俗名】面条树、盆架子、盆架树、乳木

【识别特征】常绿。树冠塔形，枝轮生。全株有白色乳汁。叶轮生，匙形。花白色，花量大，有强烈气味。果实线状。

【观赏特点】树冠分层成塔形，生长快，常作行道树。

【植物故事】有人称之为"老板树""发财树"，或认为能够辟邪，在广东私家庭院中栽种比较普遍。花期气味浓烈，可引起不适。全株乳汁丰富，可提取为口香糖原料。

3.2.55　铁冬青　*Ilex rotunda*　冬青科

【俗名】救必应、红果冬青、过山风、万紫千红

【识别特征】常绿。树皮灰色，不裂。叶仅见于当年生枝上，卵形或椭圆形，有光泽，叶脉不明显。果实圆形，熟时红色。

【观赏特点】叶色深绿有光泽，果实鲜红，常作园景树或庭院树。

【植物故事】叶子深绿色、枝条紫色、果实鲜红色，故称"万紫千红"，寓意旺家旺业。可做防火树种。雌雄异株，需植雄株方可形成景观。

3.2.56 王棕 *Roystonea regia* 棕榈科

【俗名】大王椰子、王椰、大王椰

【识别特征】乔木，树干粗壮，不分枝。树皮灰色，叶痕环状，不明显。茎幼时基部膨大，老时近中部膨大。叶集生在茎干顶部，羽状全裂，尾部常下垂，羽片4列，列序不整齐。花序长达1.5米，多分枝，花黄白色；果近球形或倒卵形，暗红或淡紫色。

【观赏特点】树形优美，挺拔雄壮，常用作行道树和园景树，营造热带壮丽风光。

【植物故事】原产古巴。全球热带亚热带广泛栽培。果实可作猪饲料，种子可作家鸽饲料。王棕叶、花均大型，需要防止脱落后砸人损物。王棕常列植，整齐划一的王棕看起来就像竖起来的火箭，所以也被戏称为"导弹棕"。

3.2.57 乌桕 *Triadica sebifera* 大戟科

【俗名】鸦桕、木梓树、油梓树、蜡子树、木子树、桕子树

【识别特征】落叶。叶菱形，叶柄有两枚腺体。花序如毛毛虫，下垂。

【观赏特点】秋季叶色变黄、红，春季嫩叶红色，为春秋两季的色叶树种。陆游有诗"乌桕赤于枫"。可作园景树。

【植物故事】《本草纲目》有记载乌桕"以乌喜食而得名"，也叫"鸦桕"；果像中国古代春米的器具——臼，臼加上木字旁即为"桕"。叶柄有两个花外蜜腺，可吸引蚂蚁等天敌昆虫来抵御食叶害虫，是一种间接防御方式。枝叶伤口在生长旺盛期会流出白色乳汁，在10月后进入生长缓慢期，停止乳汁分泌。木材、乳汁、叶及果实均有小毒。接触乳汁可引起刺激、糜烂。叶为黑色染料，可染衣物，还可作农药及杀虫用。根皮治毒蛇咬伤。木材可作雕刻原料。种子外被之蜡质称为"桕蜡"，可制高级香皂、蜡烛、蜡纸，英文名为Chinese tallowtree（中国蜡树）。另一英文名也非常有趣，popcorn tree（爆米花树）形容其果实开裂后果皮和种子排列如爆米花。乌桕可提取工业用油、制蜡等，且观赏价值大，北魏《齐民要术》即记载了乌桕的栽培应用，已有1400多年历史。1776年，本杰明·富兰克林将乌桕引入美国。从此，乌桕在美国新家疯狂生长，现已成为"美国十大外来入侵植物"之一，也被世界自然保护联盟列入全球百种破坏性最强的外来植物。后来从中国引进天敌乌桕卷象，也未能有效控制乌桕的生长。

3.2.58 小叶榄仁 *Terminalia neotaliala* 使君子科

【俗名】细叶榄仁、非洲榄仁、雨伞树

【识别特征】落叶。主干通直，树冠呈伞形，分层；叶提琴形，小。

【观赏特点】树形优美，分层明显，叶细轻盈；秋冬叶色变黄。可做园景树、行道树。

【植物故事】有花叶品种'Tricolor'，叫锦叶榄仁或花叶榄仁。叶中央为浅绿色，外缘为淡金黄色。新叶呈粉红色。

3.2.59 洋蒲桃 *Syzygium samarangense* 桃金娘科

【俗名】莲雾、两雾、天桃、水蒲桃

【识别特征】常绿。叶对生，叶柄极短或无；叶椭圆形。花白色，花萼花瓣小，花蕊多数，长，成绒球状。果倒锥形，熟时洋红色。

【观赏特点】枝繁叶茂，硕果累累，常作园景树。

【植物故事】栽培作水果是为莲雾，在中国台湾盛产，被誉为"水果之王"。景观树上所结果实个小，涩味较重，口感不佳，主要作观果用。也可作招鸟树种。

3.2.60　银杏　*Ginkgo biloba*　银杏科

【俗名】鸭掌树、鸭脚子、公孙树、白果

【识别特征】落叶。树冠圆锥形或广卵形，树皮纵裂。叶扇形，先端有深浅不一的凹缺。雌雄异株。种子圆形，被白粉。

【观赏特点】树形高大挺拔，秋季叶色金黄。常作园景树、行道树。

【植物故事】中国特产的中生代孑遗植物，银杏纲仅存一种，被称为"活化石"。国家一级保护植物。自然条件下从栽种到结子要二十多年，四十年后才能大量结果，故名"公孙树"，有"公种而孙得食"的含义，是树中的老寿星，与松、柏、槐并称"中国四大长寿观赏树种"。最古老的银杏在贵州福泉，树龄5000多年，高50米，要13个人才能围抱得过来，是世界最粗大的银杏树。西安罗汉洞村观音禅寺内有一棵唐太宗李世民手植树，距今已有1400多年历史，生命力依然旺盛。每到秋季，全球各地银杏都上演"一夜寒霜降，满城银杏黄"的壮丽景观。

3.2.61 印度榕 *Ficus elastica* 桑科

【俗名】印度橡胶树、橡皮榕、印度胶树、橡皮树、印度橡皮树、橡胶榕

【识别特征】常绿。气生根较多。叶厚革质，椭圆形，侧脉不明显。脱叶红色，叶展开时脱落。

【观赏特点】叶大、硬朗挺拔，常作园景树或作盆栽。

【植物故事】本种胶乳属于硬橡胶类，引进巴西三叶橡胶树后淘汰，现主要作为景观树。有品种'Abidjan'，叫黑叶印度榕或黑金刚橡皮树、黑金刚。叶色墨绿色。另有多个花叶的品种，根据叶上斑块的位置、颜色、大小而命名，较难区分。

3.2.62 圆柏 *Juniperus chinensis* 柏科

【俗名】刺柏、桧、桧柏、珍珠柏、红心柏

【识别特征】常绿。幼树树冠尖塔形，老树树冠广圆形。树皮深灰色，纵裂，成条片开裂。叶二型，刺叶生于幼树之上，老龄树则全为鳞叶，壮龄树兼有刺叶与鳞叶。生鳞叶的小枝近圆柱形。

【观赏特点】幼树树冠整齐尖塔形，大树干枝扭曲，姿态奇古，可以独树成景，是中国传统的园林树种。常植于寺庙、墓道，也植于庭院，还可作盆景。

【植物故事】圆柏古称"桧"。3000多年前，圆柏有著名的大材，可作船、建筑、棺椁等。西周分封的诸侯国中就有以"桧"作为国名的，诗经有记"桧风"。

3.2.63 樟 *Camphora officinarum* 樟科

【俗名】香樟、樟树、芳樟、油樟、樟木

【识别特征】常绿。树皮纵裂。叶卵形，叶面亮绿色，叶背粉白色，离基三出脉，脉腋有油腺点。果实圆形，有杯状果托。全株有芳香。

【观赏特点】冠大阴浓，有芳香，常作园景树、遮阴树和行道树。

【植物故事】野生植株曾列入中国《国家重点保护野生植物名录（第一批）》——Ⅱ级；2021年版《名录》中已删除。可提取樟脑和樟油作医药和香料。木材芳香，防虫，为高档家具用材。

3.2.64 中国无忧花 *Saraca dives* 豆科

【俗名】无忧花、中国无忧树、袈裟树、无忧树、火焰花、泰国无忧花

【识别特征】常绿。羽状复叶，嫩叶略带紫红色，下垂，老叶绿色。花橙黄色，花丝突出。果实带状，宽扁。

【观赏特点】嫩叶紫红色下垂，开花时花满树金黄，常作园景树。

【植物故事】佛教"五树六花"之一。传说佛祖释迦牟尼在此树下诞生，下垂的紫色幼叶如僧人的袈裟。传说坐于此树下可忘却所有烦恼，无忧无愁。有老茎生花现象。

3.2.65　竹柏　*Nageia nagi*　罗汉松科

【俗名】大果竹柏、猪肝树、铁甲树、宝芳、船家树、糖鸡子、山杉、椤树、罗汉柴、窄叶竹柏、椰树

【识别特征】常绿乔木。树皮灰黑色，不裂。叶革质，长卵形，无中脉。种子圆形，被白粉。

【观赏特点】株形紧凑，叶青翠有光泽，常用作园景树、行道树和盆栽。

【植物故事】古老的裸子植物，起源于中生代白垩纪，被称为活化石。列入《中国生物多样性红色名录－高等植物卷》（2013年）——濒危（EN）。有净化空气、抗污染和强烈驱蚊的效果。竹柏经冬不凋，用来赞美人的坚贞不屈精神。

3.3 常见灌木

灌木是没有明显主干的木本植物，植株一般比较矮小，不超过6米。通常从近地面处开始丛生出横生的枝干，地面枝条有的直立（直立灌木），有的拱垂（垂枝灌木），有的蔓生地面（蔓生灌木），有的攀援他木（攀援灌木），有的在地面以下或近根茎处分枝丛生（丛生灌木）。全是多年生，如果越冬时地面部分枯死，但根部仍然存活，第二年继续萌生新枝，则称为"半灌木"。

公园植物中有大量灌木，一般可分为观叶、观花、观果、观枝干等几类。除对植、丛植、群植外，也经常密植，修剪成色块或绿篱，体现植物的群体美。

225

3.3.1　巴西野牡丹　*Tibouchina semidecandra*　野牡丹科

【俗名】紫花野牡丹

【识别特征】常绿小灌木；枝条红褐色；叶对生，长椭圆形至披针形，两面具细茸毛，全缘，3～5出脉；花顶生，大型，深紫蓝色。

【观赏特点】叶片浓绿，花大而美，深蓝紫色，常做花灌木。

【植物故事】花色艳丽（富含花青素），但没有蜜汁，传粉蜂类只能采集它的花粉。

3.3.2 变叶木 *Codiaeum variegatum* 大戟科

【俗名】变色月桂、洒金榕

【识别特征】常绿灌木；叶薄革质，叶形、大小、色泽因品种不同有很大变异，两面无毛，绿色、黄色、黄绿相间、紫红色或紫红与黄绿相间、或绿色散生黄色斑点或斑块。

【观赏特点】叶色鲜艳，常做彩叶地被，也可丛植或做盆栽。

【植物故事】因叶片的多变而得名，既有叶色变化，又有叶形变化，是自然界中颜色和形状变化最多的观叶树种。

3.3.3 侧柏 *Platycladus orientalis* 柏科

【俗名】香柯树、香树、扁桧、香柏、黄柏

【识别特征】常绿乔木，常做灌木栽培。树冠卵状尖塔形，老则广圆形；树皮淡灰褐色；小枝扁平，叶为鳞叶。

【观赏特点】树姿美，四季常绿，常做行道树、花境及庭园树。

【植物故事】中国特有植物。

3.3.4 山茶 *Camellia japonica* 山茶科

【俗名】洋茶、耐冬

【识别特征】常绿灌木或小乔木。叶革质，卵圆形，有锯齿，上面深绿色，发亮；单花，顶生，雄蕊多数，花色丰富。

【观赏特点】叶浓绿而有光泽，花形艳丽缤纷，常做花灌木，也做切叶。

【植物故事】中国十大名花之一，品种极多。植物园、公园中常有茶花园，展示茶花品种。

3.3.5 长隔木 *Hamelia patens* 茜草科

【俗名】希茉莉、醉娇花、希美丽、四叶红花

【识别特征】常绿灌木；叶常4枚轮生，嫩叶暗红色；椭圆状卵形至长圆形；聚伞花序，花冠管狭圆筒状，橙红色。

【观赏特点】生长快，耐修剪，主要用于园林配植；亦可盆栽观赏。

【植物故事】原产拉丁美洲。"希茉莉"名字来自其属名"*Hamelia*"的音译。开花时，花蜜丰富，是很好的引蝶植物。

3.3.6 赪桐 *Clerodendrum japonicum* 唇形科

【俗名】状元红、大丹

【识别特征】常绿灌木。叶片圆心形；花序顶生，花序大而单花小，花红色，花丝细长。

【观赏特点】叶大花艳，色红如火，常做花灌木。

【植物故事】赪桐最大的特点——顶部深红至极的花色，所以也叫状元红。

3.3.7　赤苞花　*Megaskepasma erythrochlamys*　爵床科

【俗名】巴西红斗篷、巴西羽毛、红爵床

【识别特征】常绿小灌木。叶对生，宽椭圆形。花序顶生，由众多苞片组成，苞片由深粉色到红紫色不等；花白色，唇形。

【观赏特点】叶子宽大，花序艳丽，整株花期长，常做花灌木。

【植物故事】鲜红的苞片是中文名赤苞花的来源。圆锥花序远观像一件红色的斗篷，因此在国外常叫巴西红斗篷。

3.3.8 翅荚决明 *Senna alata* 豆科

【俗名】翅果决明、有翅决明、翅荚槐

【识别特征】常绿灌木；羽状复叶在叶柄和叶轴上有窄翅，小叶6~12对；总状花序顶生和腋生，花瓣黄色，有明显的紫色脉纹；荚果带形，在每一果瓣的中央有直贯的纸质翅；种子三角形。

【观赏特点】花形奇特，色泽明快，花期长，常做花灌木。

【植物故事】入药作缓泻剂；种子可驱蛔虫；枝叶可杀真菌，用于香皂、洗发液、洗液之中。

3.3.9　大琴叶榕　*Ficus lyrata*　桑科

【俗名】琴叶橡皮树

【识别特征】常绿乔木，通常做灌木栽培。茎干直立，分枝少，树干灰黑色；叶互生，纸质，呈提琴状，有光泽，叶缘稍呈波浪状，叶脉明显。

【观赏特点】树形自然，质感粗糙，叶形奇特，常做庭园树、行道树及室内盆栽。

【植物故事】原产印度、马来西亚等热带地区。种加词 *lyrata* 是"琴状的"，形容它的叶片形状，中文名"大琴叶榕"也由此而来。中国有琴叶榕（*Ficus pandurata*），叶更小，与本种不同。

3.3.10 冬红 *Holmskioldia sanguinea* 唇形科

【俗名】帽子花

【识别特征】常绿灌木；枝条柔软，披散下垂；单叶对生，卵形，两面有腺点。聚伞花序，花萼红色，倒圆锥形杯状；花冠筒状，弯曲，先端部5浅裂，红色。

【观赏特点】株丛茂密披散，花色橙红，花量大，正值冬春少花期，常做花灌木。

【植物故事】冬春开花，花量大，是冬季花蜜食源，吸引叉尾太阳鸟、红胸啄花鸟、朱背啄花鸟、暗绿绣眼鸟等鸟类；花期正值鸟类的求偶、繁殖时间，可在1～2月的观测期听到雄鸟站立周边枝条进行求偶鸣唱，形成花鸟同框，声色同赏的景观。花萼阔大如帽，故名帽子花。

3.3.11　杜鹃叶山茶　*Camellia azalea*　山茶科

【俗名】杜鹃红山茶、假大头茶、张氏红山茶、四季红山茶

【识别特征】常绿灌木。叶革质，倒卵状长圆形，全缘；花深红色，单生于枝顶叶腋；花瓣5～6片，长倒卵形，先端微凹，红色，雄蕊黄色。

【观赏特点】植株整齐，花大色艳，四季开花，常做花灌木。

【植物故事】发现于广东省阳江市阳春市鹅凤嶂自然保护区内，分布区狭窄，曾经由于野蛮盗挖濒临灭绝。

3.3.12 鹅掌藤 *Schefflera arboricola* 五加科

【俗名】七加皮、招财树

【识别特征】木质藤本做灌木栽培。掌状复叶，小叶倒卵状长圆形，顶生小叶大，基部小叶小。

【观赏特点】株形美观，枝叶繁茂，叶色四季翠绿而富有光泽，常做地被、绿篱，也可做立体绿化和室内大盆栽。

【植物故事】原产广西、海南和台湾。有"花叶鹅掌藤"品种。

3.3.13　粉纸扇　*Mussaenda* 'Alicia'　茜草科

【俗名】粉叶金花

【识别特征】半常绿灌木；叶对生，长椭圆形，全缘。聚伞房花序顶生，花萼全部增大为粉红色花瓣状，呈重瓣状，花冠金黄色，高脚碟状，喉部淡红色。

【观赏特点】花叶大，鲜艳，常做花灌木。

【植物故事】为红纸扇（*M. erythrophylla*）与洋玉叶金花（*M. frondosa*）杂交育成的品种。

3.3.14 狗牙花 *Tabernaemontana divaricata* 夹竹桃科

【俗名】白狗牙、狮子花

【识别特征】常绿灌木；叶对生，常聚生于上部小枝的顶端，椭圆状长圆形；聚伞花序腋生，花冠白色，边缘波状，芳香。

【观赏特点】树姿整齐，叶色青翠，花色晶莹洁白且清香四溢，花期长，常做花灌木。

【植物故事】云南南部野生；广西、广东和台湾等省区栽培。野生狗牙花列入《中国生物多样性红色名录–高等植物卷》（2013年）——濒危（EN）。

3.3.15　桂花　*Osmanthus fragrans*　木犀科

【俗名】木犀

【识别特征】树皮灰白色，有扁圆形皮孔。叶片革质，椭圆形、长椭圆形或椭圆状披针形，全缘或通常上半部具细锯齿；聚伞花序簇生于叶腋，形小，花极芳香，花冠黄白色、淡黄色、黄色或橘红色。

【观赏特点】终年常绿，枝繁叶茂，秋季开花，芳香四溢，常做园景树。

【植物故事】中国传统十大名花之一，栽培历史达2500年以上。神话故事中多有桂花出现。花芳香，可泡茶、酿酒、入馔。

3.3.16 海桐 *Pittosporum tobira* 海桐科

【俗名】七里香、宝珠香

【识别特征】常绿灌木。叶聚生枝顶，革质，倒卵形，先端微凹，叶面有光泽。花芳香。

【观赏特点】枝叶繁茂，叶色浓绿而有光泽，常作绿篱或灌木球。

【植物故事】根、叶、皮和种子均可入药。

3.3.17　含笑花　*Michelia figo*　木兰科

【俗名】香蕉花、含笑

【识别特征】常绿灌木；树皮灰褐色；嫩枝和芽均密被黄褐色绒毛；叶互生，革质，椭圆形；花直立，淡黄色，具甜香。

【观赏特点】枝叶茂盛，花香沁人，常做香花灌木。

【植物故事】含笑花开而不放，似笑而不语，体现中国古典的含蓄之美。

3.3.18　红背桂　*Excoecaria cochinchinensis*　大戟科

【俗名】青紫木、紫背桂

【识别特征】常绿；枝具皮孔；叶对生，纸质，叶片狭椭圆形或长圆形，腹面绿色，背面血红色，托叶卵形；花单性，雌雄异株。

【观赏特点】株形优美，枝叶茂密，叶背血红色，常做地被、绿篱。

【植物故事】有花叶品种。

3.3.19 红果仔 *Eugenia uniflora* 桃金娘科

【俗名】番樱桃、棱果蒲桃

【识别特征】灌木或小乔木。叶对生，卵形或卵状披针形，有光泽，嫩叶红色，老叶绿色；花白色，芳香；浆果球形，有3～8条棱。

【观赏特点】树形优美，嫩叶红色；果实奇特，常做灌木球，也做盆景。

【植物故事】原产巴西。果实成熟时类似微型南瓜，也似灯笼；可食用，味道酸甜可口，并有淡淡的芳香，是赏食两用植物。

3.3.20　红花檵木　*Loropetalum chinense* var.*rubrum*　金缕梅科

【俗名】红桎木、红檵花

【识别特征】常绿；多分枝；叶互生，卵圆形或椭圆形，两面均有星状毛，全缘，叶面暗红色；花瓣4枚，紫红色线形。

【观赏特点】枝繁叶茂，姿态优美，叶色美观，耐修剪，常用作绿篱、灌木球及盆景。

【植物故事】原种为檵木，叶绿色，花白色；常将"檵"写作"继"。

3.3.21　红花玉芙蓉　*Leucophyllum frutescens*　玄参科

【识别特征】常绿小灌木；枝条开展或拱垂；全株密生白色茸毛及星状毛；叶互生，倒卵形；花单生叶腋，花冠紫红色，钟形。

【观赏特点】枝叶银白色，花朵紫红色，是花叶共赏植物，常做花灌木。

【植物故事】在美国俗名叫"晴雨表灌木"，不经常开花，一旦盛开则台风或暴雨随后就到。

3.3.22　红纸扇　*Mussaenda erythrophylla*　茜草科

【俗名】非洲玉叶金花、血萼花

【识别特征】半常绿灌木；叶纸质，椭圆形披针状，两面被稀柔毛；聚伞花序顶生，花叶为红色花瓣状，卵圆形，花白色。

【观赏特点】花萼红艳夺目，潇洒飘逸，常做花灌木。

【植物故事】五角星的花瓣小，引不起蜜蜂蝴蝶的注意，把1枚萼片变为血红的叶片状，立竿见影。看起来像花瓣的红色部分为增大的花萼片，称为花叶。

3.3.23　黄蝉　*Allamanda schottii*　夹竹桃科

【俗名】黄兰蝉

【识别特征】常绿直立灌木；叶3～5枚轮生，椭圆形或窄倒卵形；花冠筒窄漏斗形，裂片淡黄色，卵形或圆形，先端钝；蒴果球形，被长刺。

【观赏特点】植株浓密，叶色碧绿，花朵明快灿烂，四季开花，常做花灌木。

【植物故事】乳汁有毒，但枝叶、根等组织提取物也具有药用价值。

3.3.24 黄花夹竹桃 *Thevetia peruviana* 夹竹桃科

【俗名】黄花状元竹、酒杯花、柳木子

【识别特征】小乔木或灌木状；枝柔软下垂；叶革质，线状披针形或线形；花大，黄色，具香味；核果扁三角状球形。

【观赏特点】枝条柔软下垂，叶碧绿色，花朵鲜艳，花期几乎全年，常做花灌木。

【植物故事】全株有毒，尤以乳汁、种子、花、叶含毒量最高，严重可致命。

3.3.25 灰莉 *Fagraea ceilanica* 龙胆科

【俗名】华灰莉、非洲茉莉

【识别特征】常绿小乔木，常做灌木栽培。叶稍肉质，椭圆形、倒卵形或卵形，侧脉不明显。花黄绿色，芳香。

【观赏特点】枝叶终年常青，花大，芳香，耐修剪，常做灌木球，或做绿篱。

【植物故事】虽然叫非洲茉莉，但它并不产于非洲；它原名灰莉木，谐音与茉莉相似，花商们叫它"非洲茉莉"。有花叶品种。

3.3.26 鸡蛋花 *Plumeria rubra* 夹竹桃科

【俗名】缅栀

【识别特征】落叶小乔木。枝条三分枝，粗壮，带肉质，具丰富白色乳汁；叶厚纸质，长圆状倒披针形或长椭圆形，叶脉整齐，并于边缘联结；花冠外面白色，内面黄色，芳香。

【观赏特点】树形奇特美观，树干苍劲挺拔，树冠如盖，花繁香幽，常做观花小乔木。

【植物故事】花晒干可泡茶，也是"五花茶"的五花之一。是佛教"五树六花"的六花之一。鸡蛋花黄花品种为杂交品种，不结实；原种为红鸡蛋花，花红色，结实，二叉双生。

3.3.27　基及树　*Carmona microphylla*　紫草科

【俗名】福建茶、猫仔树

【识别特征】常绿小乔木作灌木栽培；多分枝；叶互生，簇生于短枝，叶倒卵形或匙形，先端浅裂，叶面光亮，有白色斑点，革质；聚伞花序腋生或生于短枝；花冠钟状，白色。

【观赏特点】枝条密集，叶色翠绿有光泽，耐修剪，易造型。常做绿篱、地被、盆景和造型树。

【植物故事】是岭南盆景的主要树种之一。

3.3.28 夹竹桃 *Nerium oleander* 夹竹桃科

【俗名】红花夹竹桃、欧洲夹竹桃

【识别特征】常绿直立大灌木；枝条灰绿色，含水液；叶3片轮生，稀对生，革质，窄椭圆状披针形；花芳香，花冠漏斗状。

【观赏特点】叶片如柳似竹，花冠粉红至深红或白色，有特殊香气，常做花灌木。

【植物故事】可抗烟雾、抗灰尘、抗毒物和净化空气、保护环境。全株有毒，避免触碰汁液。

3.3.29　假连翘　*Duranta repens*　马鞭草科

【俗名】金露花、黄叶假连翘、黄金叶

【识别特征】常绿小灌木；叶对生，卵状披针形，纸质，边缘有锯齿，叶色丰富。花小，高脚碟状，花冠蓝紫色；果圆形，金黄色。

【观赏特点】叶色丰富，常做彩叶地被、绿篱、模纹花坛或灌木球。还可做盆栽。

【植物故事】原产墨西哥至巴西。

3.3.30　尖叶木犀榄　*Olea europaea* subsp.*cuspidata*　木犀科

【俗名】锈鳞木犀榄

【识别特征】常绿灌木或小乔木；枝密被细小鳞片；叶片革质，狭披针形至长圆状椭圆形。

【观赏特点】枝密叶浓、叶面光亮，树形美观，且生长快，耐修剪，适应性强，可修剪成千姿百态的观赏树形，大湾区表现良好。

【植物故事】产于云南。木质层花纹奇特，变化多端，雕刻后容易形成"鬼脸"，俗称"鬼柳树"；在盆景界也叫锈鳞榄或者吉祥树。

3.3.31 柬埔寨龙血树 *Dracaena cambodiana* 天门冬科

【俗名】海南龙血树、云南龙血树、山海带、小花龙血树

【识别特征】乔木状，常绿；幼枝有密环状叶痕；叶聚生茎顶端，剑形，薄革质。

【观赏特点】树形优美，生长缓慢，常做园景树或室内大盆栽。

【植物故事】树液暗红色，俗称"龙血"，是中药"血竭"或"麒麟竭"的来源。寿命长，树龄可达8000年至10000年，是延年益寿、福运吉祥的象征。

3.3.32 江边刺葵 *Phoenix roebelenii* 棕榈科

【俗名】美丽针葵、软叶刺葵

【识别特征】常绿。茎丛生，栽培时常单生，具宿存三角状叶柄基部；叶羽状全裂，下部羽片成细长软刺。

【观赏特点】株形潇洒飘逸，具有热带风情。常群植、丛植或列植做配景。

【植物故事】原产我国云南及印度、缅甸、泰国等地。叶的排列方式符合斐波那契函数。

3.3.33 金脉爵床 *Sanchezia oblonga* 爵床科

【俗名】金脉单药花、斑马爵床、金叶木

【识别特征】常绿灌木；茎鲜红色；叶对生，长椭圆形，深绿色，中脉黄色，侧脉乳白色至黄色；穗状花序顶生，苞片橙红色，花黄色，管状。

【观赏特点】叶形大、叶色黄绿相间，常做观叶植物布置于花坛、花境，也可植作矮篱分隔空间或丛植成景。

【植物故事】原产于南美、墨西哥。金黄色叶脉形成叶面斑马条纹，也叫斑马爵床。

3.3.34　锦绣杜鹃　*Rhododendron×pulchrum*　杜鹃花科

【俗名】毛杜鹃、春鹃

【识别特征】半常绿灌木。幼枝有毛；叶椭圆形或椭圆披针形，被糙伏毛；顶生伞形花序，花冠漏斗形，颜色丰富，顶生花瓣基部有斑点。

【观赏特点】枝繁叶茂，花大色艳，耐修剪，常做花灌木。

【植物故事】花可以提取芳香油，部分品种的花可以食用。

3.3.35 九里香 *Murraya exotica* 芸香科

【俗名】石桂树、七里香、千里香

【识别特征】常绿灌木或小乔木；奇数羽状复叶，小叶基部不对称，倒卵形或倒卵状椭圆形；花白色，芳香；果橙黄至朱红色，椭圆形。

【观赏特点】枝繁叶茂，四季常青。花白，浓香，果红。耐修剪，易塑形。常做绿篱、灌木球及造型植物，也做盆景。

【植物故事】叶和带叶嫩枝入药，著名的中成药"三九胃泰"中的九就是指九里香。花、叶、果提取化妆品香精、食品香精。

3.3.36　孔雀木　*Schefflera elegantissima*　五加科

【俗名】手树

【识别特征】常绿小乔木或灌木。树干和叶柄都有乳白色的斑点；叶互生，掌状复叶，小叶7 ~ 11枚，条状披针形，边缘有锯齿或羽状分裂。

【观赏特点】树形扶疏，叶形优美，常做观叶灌木。

【植物故事】原产澳大利亚和波利尼亚群岛。木质光滑细腻，木纹精致，可用做文玩、家具。

3.3.37　龙船花　*Ixora chinensis*　茜草科

【**俗名**】山丹、卖子木、蒋英木

【**识别特征**】常绿灌木。叶对生，披针形、长圆状披针形至长圆状倒披针形，托叶合生成鞘形；花序顶生，多花；花冠红色、红黄色、粉色等。

【**观赏特点**】花团锦簇，花大色艳，花期长，常做花灌木。

【**植物故事**】原产中国和马来西亚。端午时节盛花，花语是"争先恐后"，希望赛龙舟的人都能取得好名次。

3.3.38 米仔兰 *Aglaia duperreana* 楝科

【俗名】米兰、碎米兰、兰花米、鱼子兰、四季米仔兰

【识别特征】常绿小乔木或灌木状；奇数羽状复叶，小叶5～7枚，倒卵形，顶生小叶基部下延；圆锥花序腋生，花芳香，黄色。

【观赏特点】枝叶茂密，叶色葱绿光亮，一年内多次开花，芳香。常做绿篱、灌木球，还可做切叶。

【植物故事】花可提取香精，可食用，泡茶，入药。

3.3.39 茉莉花 *Jasminum sambac* 木犀科

【俗名】茉莉、奈花

【识别特征】直立或攀援灌木；单叶对生，纸质，圆形或卵状椭圆形；聚伞花序顶生，通常3朵，花冠白色，芳香。

【观赏特点】茉莉花叶色翠绿，花色洁白，香味浓厚，为常见庭园及盆栽观赏芳香花卉。

【植物故事】原产印度，汉代时传入中国。芳香独特，契合了中国文化对"香"的崇尚，逐渐成为人们歌颂的对象。花为花茶、香精原料。

3.3.40 木芙蓉 *Hibiscus mutabilis* 锦葵科

【俗名】酒醉芙蓉、芙蓉花、三变花

【识别特征】落叶灌木。全株被毛；叶卵状心形，常5～7浅裂，裂片三角形；花单生枝端叶腋；花冠初白或淡红色，后深红色，花瓣5或重瓣，近圆形，蒴果扁球形。

【观赏特点】花期长，花大而色丽，常做花灌木。

【植物故事】唐代开始湖南湘江一带广种木芙蓉；唐末诗人谭用之赋诗"秋风万里芙蓉国"，于是湖湘大地也叫"芙蓉国"。木芙蓉早晨开放时，花是白色或粉红色，到中午、下午就变成紫红色，因此木芙蓉还有"三醉芙蓉""弄色芙蓉"的美称。常于冬季修剪促进来年多开花。

3.3.41　南天竹　*Nandina domestica*　小檗科

【俗名】蓝田竹、红天竺

【识别特征】常绿小灌木；茎常丛生而少分枝；叶互生，集生于茎的上部，三回羽状复叶，小叶薄革质，椭圆形或椭圆状披针形，冬季变红色；圆锥花序直立，花小，白色，具芳香；浆果球形，熟时红色。

【观赏特点】枝干挺拔，叶片扶疏，潇洒如竹，常做观树形、观叶灌木，也可做切枝。

【植物故事】原产我国，明清时期被列为古典庭园的造园植物，现有众多彩叶品种。

3.3.42　琴叶珊瑚　*Jatropha integerrima*　大戟科

【俗名】变叶珊瑚花、南洋樱花、日日樱、南洋樱、琴叶樱

【识别特征】常绿灌木。全株具乳汁，有毒；单叶互生，倒阔披针形，叶基有2~3对锐刺；花单性，雌雄同株，花冠红色或粉红色；二歧聚伞花序，花序中央一朵雌花先开，两侧分枝上的雄花后开；雌、雄花不同时开放。

【观赏特点】株形自然，优雅美丽，叶形别致，四季花开不断。常做花灌木。

【植物故事】原产于西印度群岛。叶形似琴而得名。乳汁有较大刺激性，应避免接触皮肤和眼睛。

3.3.43　三角梅　*Bougainvillea spectabilis*　紫茉莉科

【俗名】叶子花、九重葛

【识别特征】常绿藤状灌木；枝有刺，下弯；叶互生，椭圆形或卵形；苞片叶状，椭圆状卵形，颜色丰富，花被管狭筒形，顶端5～6裂，开展。

【观赏特点】苞片大，颜色丰富而鲜艳，持续时间长，为主要观赏部位。常做花灌木、盆景、绿篱及修剪造型。

【植物故事】原产热带美洲。是深圳、厦门等11个城市的市花。有提到唐朝张若虚的"含蕊红三叶，临风艳一城"是形容三角梅花开盛况的，但唐朝的时候，三角梅还没来到中国。

3.3.44 散尾葵 *Chrysalidocarpus lutescens* 棕榈科

【俗名】黄椰子、凤凰尾

【识别特征】丛生灌木；茎黄绿色，有明显叶痕。叶羽状全裂，黄绿色，先端反卷。

【观赏特点】株形秀美，耐阴，多在庭院或室内栽植。叶可作切叶。

【植物故事】原产马达加斯加。

3.3.45 双荚决明 *Senna bicapsularis* 豆科

【俗名】金边黄槐、双荚黄槐、腊肠仔树、双荚槐

【识别特征】直立灌木。多分枝；羽状复叶有小叶3～4对，小叶倒卵形或倒卵状长圆形；花鲜黄色；荚果圆柱状。

【观赏特点】生长快，花期长，单花开放长，金黄色，花叶比较适中，耐修剪，常做观赏灌木。

【植物故事】原产美洲热带地区。圆柱形的荚果悬挂于枝顶，常2个一组，因此得名双荚槐。

3.3.46 苏铁 *Cycas revoluta* 苏铁科

【俗名】辟火蕉、铁树、凤尾蕉

【识别特征】茎干圆柱状，具宿存叶痕；叶40 ~ 100片或更多，一回羽裂，羽片直或近镰刀状，革质；小孢子叶球卵状圆柱形，大孢子叶球扁球形，密被灰黄色茸毛，种子橘红色。

【观赏特性】株形挺拔雄健，树冠如伞，羽叶光洁，花序奇特。常做盆栽或园景树。

【植物故事】现存最古老的种子植物，源于古生代二叠纪，侏罗纪时遍及全球，是恐龙的主要食物。

3.3.47　细叶萼距花　*Cuphea hyssopifolia*　千屈菜科

【俗名】紫花满天星、细叶雪茄花

【识别特征】常绿矮灌木，多分枝；叶小，纸质，狭长圆形至披针形；花单朵，腋外生，紫色或紫红色。

【观赏特点】叶色浓绿，花小而多，周年开花不断。常做地被或镶边植物。

【植物故事】原产墨西哥，现热带地区广为种植。

3.3.48　洋金凤　*Caesalpinia pulcherrima*　豆科

【俗名】金凤花、蛱蝶花、黄蝴蝶、黄金凤

【识别特征】常绿灌木状或小乔木；二回羽状复叶；花序伞房状，花瓣橙红或

黄色，圆形，边缘皱波状，花丝红色，远伸出花瓣外；荚果窄而薄，倒披针状长圆形。

【观赏特点】花冠橙红色，边缘金黄色，如一只凤凰在枝头飞翔，常年开花，常片植于草坪边缘。

【植物故事】加勒比岛国巴巴多斯的国花，英文名叫Pride-of-Barbados。可能原产于西印度群岛，但由于普遍栽培，其确切的起源地未知。

3.3.49　珍珠金合欢　*Acacia podalyriifolia*　豆科

【俗名】银叶金合欢、珍珠相思树

【识别特征】常绿灌木或小乔木；树干分枝低，树皮灰绿色，平滑；叶状柄宽卵形或椭圆形，灰绿至银白色，基部圆形；花黄色，集成小毛球状；荚果扁平。

【观赏特点】树形美观，叶被毛轻柔，花如黄毛球，鲜艳。春节期间盛开。常做园景树。

【植物故事】原产热带美洲。根及荚果可提取黑色染料；花芳香，可提取香精。

3.3.50 银叶郎德木 *Rondeletia leucophylla* 茜草科

【俗名】巴拿马玫瑰、白背郎德木

【识别特征】常绿灌木；叶对生，披针形，背面带银白色；聚伞花序，近球形，粉红色，花冠漏斗状或高脚碟状，芳香。

【观赏特点】叶细长，花多，香味浓郁。常做观花灌木。

【植物故事】原产热带美洲墨西哥。英文名字叫Panama Rose（巴拿马玫瑰）。黄昏时花香浓郁，是良好的蜜源植物。

3.3.51 鸳鸯茉莉 *Brunfelsia brasiliensis* 茄科

【俗名】二色茉莉、番茉莉、双色茉莉

【识别特征】常绿灌木；单叶互生，矩圆形或椭圆状矩形；花单生或呈聚伞花序，高脚蝶状，初开时淡紫色，随后变成淡雪青色，再后变成白色；浆果。

【观赏特点】花朵芳香，白色与蓝紫色花同时绽放枝头，故名"鸳鸯茉莉"。常做花灌木。

【植物故事】原产于南美洲。花第1天初开为蓝紫色，2～4天逐渐变化为雪青色，第4～5天变为白色。

3.3.52　月季　*Rosa chinensis*　蔷薇科

【俗名】月月花、月月红

【识别特征】直立灌木；小枝有短粗钩状皮刺或无刺；小叶3 ~ 5。花几朵集生，花瓣重瓣至半重瓣，红、粉红或白色。

【观赏特点】花荣秀美，姿色多样，四时常开，常做花灌木。

【植物故事】中国十大名花之一，被誉为"花中皇后"。原产中国，汉代开始栽培。18世纪由印度传入欧洲，现欧美各国已培育现代月季一万多个品种。

3.3.53　栀子　*Gardenia jasminoides*　茜草科

【俗名】野栀子、黄栀子、小横枝

【识别特征】常绿灌木。叶对生或3枚轮生，倒卵形或椭圆形；托叶基部合生成鞘；花芳香，花冠白或乳黄色；果黄或橙红色；有翅状纵棱。

【观赏特点】叶色亮绿，四季常青，花大洁白，芳香馥郁。常做花灌木、花篱、盆花、切花或盆景。

【植物故事】原产我国，后传至日本及欧洲。花洁白芳香，寓意吉祥如意、祥福瑞气、和平友好。果实可提取食用黄色素。

3.3.54 钟花蒲桃 *Syzygium campanulatum* 桃金娘科

【俗名】红车

【识别特征】常绿小乔木常作灌木栽培；树冠卵形至圆柱形；叶椭圆形至狭椭圆形，新叶亮红色至橘红色，渐变为粉红色，成叶深绿色。

【观赏特点】树形丰满茂密，新叶红色，随着生长色彩变化，常做观叶灌木和小乔木。

【植物故事】叶色从红色、橙色、深绿色依次呈现，且色彩持久；耐修剪，常通过修剪获得红色的新叶。

3.3.55 朱蕉 *Cordyline fruticosa* 天门冬科

【俗名】红铁树、红叶铁树、铁莲草

【识别特征】灌木状，直立；叶长圆形或长圆状披针形，绿或带紫红色，叶柄抱茎；花淡红、青紫或黄色。

【观赏特点】株形美观，色彩华丽高雅。常做观叶植物，还可做切叶。

【植物故事】栽培品种多，难以考究原生种，绿色叶片的朱蕉可能是比较原始的一类。

3.3.56 朱槿 *Hibiscus rosa-sinensis* 锦葵科

【俗名】大红花、扶桑

【识别特征】常绿灌木。托叶线形；叶互生，卵形，边缘有锯齿；花单生于上部叶腋间，常下垂，萼钟形，花冠漏斗形，玫瑰红色或淡红、淡黄等色，花瓣倒卵形，雌蕊和雄蕊合生成合蕊柱，伸出花冠外。

【观赏特点】花大色艳，花期长，有单瓣和重瓣品种，也有彩叶品种。常做花灌木、绿篱、灌木球。

【植物故事】原产中国，是世界名花，还是马来西亚的国花。

3.3.57　朱缨花　*Calliandra haematocephala*　豆科

【俗名】红合欢、红绒球、美蕊花、美洲合欢

【识别特征】常绿灌木；托叶卵状披针形，宿存；二回羽状复叶，羽片1对，小叶7～9对，斜披针形；头状花序，花冠管淡紫红色，上部离生的花丝深红色，远伸出花冠管外。

【观赏特点】叶色亮绿，花色鲜红又似绒球，甚是可爱。常做灌木球、地被和花灌木。

【植物故事】原产于南美洲玻利维亚、印度。叶白天呈水平展开，夜间合拢或下垂，是典型的感夜性植物。

3.3.58 紫锦木 *Euphorbia cotinifolia* 大戟科

【俗名】非洲红、肖黄栌

【识别特征】落叶小乔木，常做灌木栽培。叶3枚轮生，圆卵形，两面红色。

【观赏特点】叶常年紫红色。可点植、丛植，显得轻盈婀娜、幽雅可爱。

【植物故事】原产墨西哥及危地马拉。形似漆树科黄栌（*Cotinus coggygria*），故名肖黄栌。乳汁有毒，可刺激皮肤发痒甚至肿痛。

3.3.59 紫薇 *Lagerstroemia indica* 千屈菜科

【俗名】痒痒树、百日红

【识别特征】落叶灌木。树皮光滑；枝干多扭曲。叶互生或有时对生，纸质，椭圆形；圆锥花序顶生，花瓣6，皱缩，花色丰富；蒴果椭圆状球形；种子有翅。

【观赏特点】树姿优美，树干光滑洁净，花色艳丽；常做花灌木或做造型树。

【植物故事】紫薇原产中国，已有几千年的栽培史。唐朝时盛植于宫廷之中。据《唐书百官志》记载：开元元年，改中书省曰紫薇省，中书令曰紫薇令。盛夏少花时节开花，有"盛夏绿遮眼，此花红满堂"的赞语。

3.3.60　棕竹　*Rhapis excelsa*　棕榈科

【俗名】筋头竹、观音竹

【识别特征】丛生灌木；茎圆柱形，有节，绿色；叶掌状，4 ~ 10深裂，裂片条状披针形，叶鞘淡黑色，裂成粗纤维质网状，包裹茎干。

【观赏特点】枝叶繁茂，姿态潇洒，四季青翠，似竹非竹，富有热带风情。常做观叶植物或作盆栽。

【植物故事】树干坚韧，可做手杖或伞柄。

—————— 3.4 常见草本 ——————

　　草本，是一类植物的总称，与木本相对应。人们通常将草本植物称为"草"，而将木本植物称为"树"。按草本植物生活周期的长短，可分为一年生、二年生或多年生。开花美丽的种类，一般又被称为"草花"，是园林美化的重要材料；开花不明显的种类，如大叶油草、大叶仙茅等，经常用作地被。虽然这些"其貌不扬"的草本植物没有草花颜值高，但是仔细观察，这些自然界的精灵，也有自己独特的美感呢！

3.4.1 彩叶草
Coleus hybridus
唇形科

【俗名】锦紫苏、洋紫苏、五色草

【识别特征】多年生。茎四棱形。叶对生，叶形变化大，边缘有圆齿，叶色多样。

【观赏特点】枝繁叶茂，叶片大，颜色绚丽。常做花坛、花境、地被、盆栽。

【植物故事】原产于热带亚洲。本种与五彩苏 *Coleus scutellarioides* 不易区别，常混用。

3.4.2 春羽 *Philodendron selloum* 天南星科

【俗名】春芋、春雨、喜林芋、蔓绿绒

【识别特征】多年生常绿草本。茎有气生根。叶片羽状分裂，羽片再次分裂，有平行而显著的脉纹。

【观赏特点】叶羽状深裂，浓绿色，有光泽，气生根极发达而被垂，株形优美，常做喜阴观叶植物。

【植物故事】原产南美洲热带地区。主干不断长高，底部叶子不断脱落，形成独特的"老桩"，像龙鳞，所以也叫它"龙鳞"或"龙鳞春羽"，可养成室内大型盆栽。

3.4.3　葱莲　*Zephyranthes candida*　石蒜科

【俗名】葱兰、玉帘、白花菖蒲莲、韭菜莲、肝风草、草兰

【识别特征】多年生。叶线形，肥厚。花茎高挺，单花顶生，花被片6枚，白色，雄蕊黄色。

【观赏特点】株丛低矮，叶色翠绿，花高耸。常做观花地被。

【植物故事】全株可入药，但误食鳞茎会引起呕吐、腹泻、昏睡、无力，应在医生指导下使用。

3.4.4 大花美人蕉 *Canna×generalis* 美人蕉科

【识别特征】植株高1.5米；茎、叶和花序均被白粉；叶椭圆形，叶缘、叶鞘紫色；总状花序顶生，花大，较密集，每一苞片内有1～2花；花冠红、橘红、淡黄、白色等色。

【观赏特点】叶片硕大，花鲜艳美丽，花期长，常做观花植物。

【植物故事】大花美人蕉是一类园艺杂交种的统称，而非一个独立存在的自然种；通常被认为是美人蕉（*C.indica*）、粉美人蕉（*C.glauca*）和鸢尾美人蕉（*C.iridiflora*）的杂交，品种繁多；一般不结果，主要靠无性繁殖。

301

3.4.5 大叶仙茅 *Curculigo capitulata* 仙茅科

【俗名】野棕、假槟榔树

【识别特征】多年生草本；高达1米余；叶常4～7，纸质，长圆状披针形，长40～90厘米，具折扇状脉，总状花序贴生于地面，花黄色。

【观赏特点】株形美观，叶色翠绿，潇洒飘逸，耐阴性强，常做地被。

【植物故事】分布于我国西南部地区。叶长圆状披针形，叶片上有很明显的槽，看上去像是一叶叶扁舟，合生成一丛，四川人称其为船船叶，生动形象。

3.4.6 大叶油草 *Axonopus compressus* 禾本科

【俗名】地毯草

【识别特征】多年生；节密生灰白色柔毛；具长匍匐枝；叶鞘松弛，叶片扁平，质地柔薄。

【观赏特点】叶阔，四季颜色有差别，常做草坪。

【植物故事】原产热带美洲；匍匐枝蔓延迅速，每节上都生根和抽出新植株，植物体平铺地面成毯状，故称地毯草；可做保土植物；秆叶柔嫩，为优质牧草。

3.4.7　吊兰　*Chlorophytum comosum*　天门冬科

【俗名】垂盆草、挂兰、钓兰

【识别特征】多年生；根状茎有多数肥厚的根；叶丛生，条形，似兰花，有时中间有绿色或黄色条纹。花茎从叶丛中抽出，长成匍匐茎在顶端抽叶成簇，花白色。

【观赏特点】叶片细长柔软，从叶腋中抽生出小植株，由盆沿向下垂，舒展散垂，四季常绿，常做地被或悬吊种植。

【植物故事】原产非洲南部。广州民间取全草煎服，治声音嘶哑。可净化空气，吸收一氧化碳、甲醛等有害气体，被称为"空气净化器"。

3.4.8 吊竹梅 *Tradescantia zebrina* 鸭跖草科

【俗名】紫罗兰、水竹草

【识别特征】多年生蔓性草本，蔓长30 ~ 50厘米；叶长卵形，互生，叶面绿色带白色条纹或紫红色，叶背淡紫红色。

【观赏特点】枝条自然飘曳，叶面斑纹明快，叶色别致，常做耐阴地被或作室内盆栽。

【植物故事】原产热带美洲；在华南广泛栽培，逸为野生、半野生状态。叶形似竹、叶片美丽，盆栽悬挂，茎叶四散柔垂，得名吊竹梅。种加词"*zebrina*"源于拉丁语"*zebrinus*"，意思是"叶片有条纹的"，有斑马之意。

3.4.9　风车草　*Cyperus involucratus*　莎草科

【俗名】旱伞草

【识别特征】多年生；秆稍粗壮，有棱；基部包裹以无叶的鞘，鞘棕色；叶状苞片20枚，近相等，螺旋状向四周展开，平展，聚伞花序。

【观赏特点】依水而生，植株茂密，茎秆秀雅挺拔，苞叶伞状，奇特优美，常用于水边绿化。

【植物故事】原产于非洲；"*involucratus*"意为有总苞的，指风车草的花序有总苞片。可净化水质。

3.4.10 广东万年青 *Aglaonema modestum* 天南星科

【俗名】大叶万年青、粗肋草、亮丝草

【识别特征】多年生常绿草本；叶鞘抱茎，叶片深绿色，卵形或卵状披针形；花序梗纤细，佛焰苞长圆状披针形，肉穗花序；浆果绿至黄红色，由绿转红，经冬不落。

【观赏特点】万年青叶片宽大苍绿，浆果殷红圆润，故非常美丽，历来是一种观叶、观果兼用的花卉。

【植物故事】分布于华南及云南东南部。全株有毒，含草酸钙晶体。口服会刺激口腔、嘴唇、舌头和咽喉，并引起呕吐或腹泻。如皮肤接触，广东万年青可致皮疹，但仅持续几分钟。在中国有悠久栽培历史，因其名称和果色（红）吉利，历代常作为富有、吉祥、太平、长寿的象征；在中国的剪纸文化中常常剪出万年青的样子，待到春节期间贴于门窗上寓意吉祥、来年风调雨顺的美好愿望。

3.4.11　龟背竹　*Monstera deliciosa*　天南星科

【俗名】蓬莱蕉、龟背蕉、龟背

【识别特征】多年生攀援灌木。茎粗壮，有半月形叶迹；节间具气生根；叶片大，心状卵形，厚革质，表面发亮，淡绿色，边缘羽状分裂，成熟植株叶侧脉间有1～2个较大的空洞，幼株叶无空洞。

【观赏特点】叶孔裂纹状像龟背，茎节粗壮似罗汉竹，深褐色气生根形如电线，常做耐阴观叶植物，叶可做切叶。

【植物故事】原产于墨西哥。汁液有毒，对皮肤有刺激和腐蚀作用。果实成熟后可做菜食或作水果，口感媲美香蕉，有麻味和各种水果的香味，因而也叫"蓬莱蕉"或"凤梨蕉"。

3.4.12 海芋 *Alocasia odora* 天南星科

【俗名】广东狼毒、滴水观音

【识别特征】多年生；茎粗壮，高可达3米，叶聚生茎顶，叶片卵状戟形，肉穗花序稍短于佛焰苞；浆果红色，卵状。

【观赏特点】株形挺拔，叶片光亮、丰满圆润，生机盎然，常做耐阴观叶植物或作盆栽。

【植物故事】汁液、果实有毒，误食可中毒，皮外接触会引致痕痒、麻木及发疹。有吐水作用，体内水分过多时水分沿叶脉汇聚于叶尖滴出；佛焰苞微屈，包裹洁白的肉穗花序，如观音，故名滴水观音。叶及叶尖滴出的水珠带有抵御害虫的毒素碱，一般昆虫不能取食或接触；但锚阿波荧叶甲可取食海芋叶，其以尾部为支点，身体为半径，用口器在海芋叶上画圆，并咬断维管束阻断毒液运输，取食叶片，使叶上形成大小均匀的圆形孔。

3.4.13　合果芋　*Syngonium podophyllum*　天南星科

【俗名】白果芋、白蝴蝶

【识别特征】多年生常绿草本；茎节具气生根，攀附他物生长。叶片呈两型性，箭形或戟形；叶基裂片两侧常着生小型耳状叶片。佛焰苞浅绿或黄色。

【观赏特点】株态优美，叶形多变，色彩清雅，常做地被或作室内观叶盆栽。

【植物故事】原产热带美洲；在爬藤生长前，叶呈箭头状，也叫"箭叶芋"；爬藤生长后叶逐渐3～9裂，并开始开花。

3.4.14 花叶冷水花 *Pilea cadierei* 荨麻科

【俗名】冰水花

【识别特征】多年生草本或灌木状；叶对生，同对的近等大，倒卵形，上面有白色花斑。

【观赏特点】株丛小巧，叶色绿白分明，纹样美丽，常做耐阴地被。

【植物故事】原产越南中部山区；可吸收有毒物质，适于在新装修房间内栽培。

3.4.15 花叶艳山姜 *Alpinia zerumbet* 'Variegata' 姜科

【俗名】花叶良姜、彩叶姜、斑纹月桃

【识别特征】多年生；叶披针形，有金黄色纵斑纹；圆锥花序下垂，每分枝有花1~2朵，花冠唇形；蒴果卵圆形。

【观赏特点】叶色艳丽，花姿优美，花香清纯，常用做观叶观花植物。

【植物故事】原种艳山姜（*Alpinia zerumbet*）叶片宽大，可做粽叶；嫩茎可代替姜；茎状叶鞘晒干可编织成绳索、篮子、凉席等。

3.4.16　吉祥草　*Reineckea carnea*　天门冬科

【俗名】松寿兰、小叶万年青、竹根七

【识别特征】多年生；茎蔓延于地面；叶簇生，每簇有3～8枚，条形至披针形，深绿色；花葶高出叶面，穗状花序，花芳香，粉红色；浆果熟时鲜红色。

【观赏特点】终年常绿，覆盖性好，常做地被植物或镶边植物。

【植物故事】物种名"*carnea*"意味着花茎"肉质"。据说佛祖成道时就是坐在吉祥草上，因而吉祥草在佛教中是神圣的。

3.4.17 韭兰 *Zephyranthes carinata* 石蒜科

【俗名】红花葱兰、韭菜兰、风雨花

【识别特征】鳞茎卵球形；叶线形，扁平；花单生于花茎顶端，玫红色或粉红色，花被裂片6。

【观赏特点】叶丛碧绿，花朵粉红，美丽幽雅，常作观花地被或盆栽。

【植物故事】因叶似韭菜，花开如兰得名。能感知气象的变化，如在夏秋季节，雷电风雨来临之际，群花勃发，因而也叫风雨花或风雨兰。科学解释是它对气压敏感，当气压变化时就会提前开花，这也是风雨过后风雨兰大量开花的一个重要原因。

3.4.18 蓝花草 *Ruellia simplex* 爵床科

【俗名】翠芦莉、兰花草、人字草

【识别特征】多年生。叶对生，线状披针形；总状花序数个组成圆锥花序，花冠漏斗状，5裂，紫色、粉色或白色，具放射状条纹，细波浪状。

【观赏特点】叶翠花蓝，枝繁叶茂，花期长。常做观花地被。

【植物故事】原产墨西哥；花期极长，从三月开到十月；花开放时不是集中怒放，而是单朵次第开放，一花凋谢一花开，每天有开也有败；清晨开放黄昏凋谢，开花不断落花不停，因而也叫"日日新"。

3.4.19 绿萝 *Epipremnum aureum* 天南星科

【俗名】小绿、黄金葛、黄金藤、

【识别特征】高大藤本，茎攀援，节间具纵槽；成熟枝上叶柄粗壮，长
30～40厘米，未成熟枝条上，叶片5～10厘米，叶片薄革质，翠绿色，
通常（特别是叶面）有多数不规则的纯黄色斑块，全缘，不等侧的卵形或卵
状长圆形。

【观赏特点】缠绕性强，气根发达，叶色斑斓，四季常绿，常做室内盆栽或
做地被。

【植物故事】原产所罗门群岛。绿萝的赤霉素合成基因受损，无法合成赤霉
素（GAs），致使其花芽分生组织特异基因表达缺失，所以自然状态下绿萝
几乎不开花。

3.4.20 南美蟛蜞菊 *Sphagneticola trilobata* 锦葵科

【俗名】穿地龙、地锦花、三裂蟛蜞菊

【识别特征】多年生，茎横卧，长可达2米以上；叶对生，椭圆形，边缘3裂；头状花序单生，外围雌花1层，舌状，黄色，中央两性花，黄色。

【观赏特点】叶色翠绿，花色金黄，常作地被或作护坡、护堤的覆盖植物。

【植物故事】原产南美洲。以利用为目的引进的，常用于地被绿化、裸地恢复、湿地修复、深加工制药，制饲料，或提取成分用于生物防治。营养繁殖能力强，能不断地延伸其种群；具有强烈的化学他感作用，排斥异种，能在一定区域形成单纯的单一种群，是一种有害的潜在入侵种，引种需谨慎。

3.4.21 肾蕨 *Nephrolepis cordifolia* 肾蕨科

【俗名】蜈蚣草、圆羊齿、篦子草、石黄皮

【识别特征】叶簇生，直立，一回羽状，羽叶约45～120对，披针形，基部不对称。

【观赏特点】叶直立，翠绿，常做地被，或做盆栽，叶片可作切叶。

【植物故事】以全草和块茎入药，用于感冒发热，咳嗽，肺结核咯血，痢疾，急性肠炎等。具有污染治理作用，可富集镉、汞、砷、铅等重金属，可吸收有害气体和净化空气。

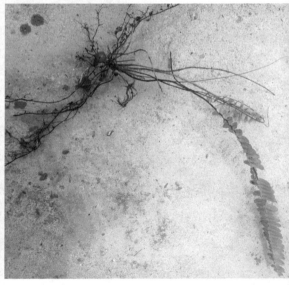

3.4.22　水鬼蕉　*Hymenocallis littoralis*　石蒜科

【俗名】蜘蛛兰

【识别特征】多年生；叶10～12，深绿色，剑形；花被筒纤细，花被裂片线形，常短于花被筒；雄蕊花丝基部联合成漏斗状。

【观赏特点】叶姿健美，花形别致，常做观花地被，也做盆栽。

【植物故事】原产美洲热带地区，其属名*Hymenocallis*来自希腊语*hymen*（膜）及*kallos*（美丽的）两词的词根，意即它具有美的膜副花冠。花被筒长裂为6条，分得很开，酷似蜘蛛的长腿，而中间的被膜联合成漏斗状，形似蜘蛛的身体，故此得名蜘蛛兰。

3.4.23 细叶结缕草 *Zoysia pacifica* 禾本科

【俗名】天鹅绒草、台湾草

【识别特征】多年生；匍匐茎；秆纤细，高可达10厘米；叶鞘无毛。

【观赏特点】草质柔软，耐践踏性强，常做草坪。

【植物故事】原产于中国南部地区；草质柔嫩，适口性好，牛、马、羊均喜食，为优等牧草。

3.4.24　沿阶草　*Ophiopogon japonicus*　天门冬科

【俗名】沿阶草、麦门冬、矮麦冬

【识别特征】多年生；地下走茎细长；叶基生成丛，条形；花葶高于叶面；总状花序，花白色或淡紫色；果实球形，蓝紫色。

【观赏特点】常绿、耐荫、耐寒、耐旱、抗病虫害，常做地被。

【植物故事】是《神农本草经》记载的上品药物，是生于阶沿，用为上品的养生佳品。药材麦冬来自于肉质块茎。

3.4.25 银边山菅兰 *Dianella ensifolia* 'Marginata' 阿福花科

【俗名】花叶山菅

【识别特征】多年生；根状茎横走；叶狭条状披针形，边缘淡黄色，基部稍收狭成鞘状，套叠或抱茎；圆锥花序高出叶面，花小；浆果近球形，深蓝色。

【观赏特点】株形优美，花色优雅，浆果深蓝色，常做彩叶地被。

【植物故事】全草有毒，家畜中毒可致死。人误食其果可引起呃逆，甚至呼吸困难而死。

3.4.26　蜘蛛抱蛋　*Aspidistra elatior*　天门冬科

【俗名】一叶兰

【识别特征】多年生；叶单生，彼此相距1～3厘米，披针形至近椭圆形，两面绿色，有时稍具黄白色斑点或条纹，叶柄明显，粗壮。

【观赏特点】终年常绿，叶形优美，生长健壮，常做地被；叶做切叶。

【植物故事】蜘蛛抱蛋属植物的花贴近地面生长，辐射对称的花被裂片像蜘蛛腿，包围着像蛋一样膨大的柱头或圆形花筒，像一只抱着蛋的蜘蛛，故名"蜘蛛抱蛋"。它"抱"的是膨大的柱头或花被筒，而不是果或其他的结构。

3.4.27　紫背万年青　*Tradescantia spathacea*　鸭跖草科

【俗名】蚌花、小蚌兰

【识别特征】多年生；叶互生，无柄，叶片上面深绿色，下面紫色，长圆状披针形，多少肉质；花腋生，伞形花序，下面托有2个大而对折的卵状苞片，似河蚌；花瓣白色、卵形。

【观赏特点】叶色美丽，苞片状似蚌壳，极为奇特，常做观叶地被或做盆栽。

【植物故事】原产墨西哥和西印度群岛。花生于两片河蚌状的紫色大苞片内，形似蚌壳吐珠，故名"蚌花"。

3.4.28　紫背竹芋　*Stromanthe sanguinea*　竹芋科

【俗名】红背竹芋、红背卧花竹芋

【识别特征】多年生常绿草本；叶基生，叶柄短，叶长椭圆形至宽披针形，叶正面绿色，背面紫红色，全缘；圆锥花序，苞片及萼片红色，花白色。

【观赏特点】叶色美观，花艳丽，常做彩叶地被。

【植物故事】原产自中美洲。叶梗与叶片连接处称为叶枕，有一个蓄水系统；晚上叶枕水分充足，叶片与叶梗的角度比较小，使叶片直立，看起来比较茂盛；白天叶枕水分较少，叶片与叶梗的角度较大，看起来像叶子垂下来了。

3.5 常见时花

　　时花是应季节而开放的花卉。通常花多色艳，在公园中形成美丽景观，既吸引游人，也招蜂引蝶。广义的时花包含所有应时开花的植物，种类繁多；狭义的时花则是应节日而临时摆放的盆花，常做花坛、花境、花带、花箱、花台等。这里主要介绍狭义的时花。

3.5.1 白鹤芋 *Spathiphyllum lanceifolium* 天南星科

【俗名】一帆风顺、白掌、苞叶芋、和平芋

【识别特征】多年生，常绿。叶基生，长椭圆形，叶柄长。花葶高出叶丛，佛焰苞直立向上，稍卷，白色；肉穗花序圆柱状，白色。

【观赏特点】叶绿花白，亭亭玉立。常在半阴处片植、丛植，或作室内盆栽。还可水培。

【植物故事】可以过滤室内废气，对氨气、丙酮、苯和甲醛都有一定的清洁功效。

3.5.2　百日菊　*Zinnia elegans*　菊科

【俗名】步步登高、节节高、鱼尾菊、火毡花、百日草

【识别特征】一年生草本，茎叶被毛。叶对生，卵形或椭圆形，无叶柄。头状花序，单生枝端，有单瓣、重瓣、卷叶、皱叶和各种不同颜色的园艺品种。

【观赏特点】花大色艳，开花早，花期长，株形美观，可按高矮分别用于花坛、花境、花带。也常用于盆栽。

【植物故事】2016年，美国宇航员成功在空间站培育出第一株百日菊，是人类在太空中培育出的第一朵花。百日草第一朵花开在顶端，然后侧枝顶端开花比第一朵开的更高，所以又得名"步步高"。

3.5.3　碧冬茄　*Petunia×hybrida*　茄科

【俗名】矮牵牛、毽子花、灵芝牡丹、撞羽朝颜

【识别特征】一年生草本。叶卵形，全缘，有毛。花单生，花冠具条纹，漏斗状，先端5浅裂。花朵硕大，色彩有白、粉、红、紫、蓝甚至黑色，以及各种彩斑镶边等色；花冠单瓣、半重瓣、瓣边褶皱状或不规则锯齿状；有"垂吊生长"和"直立生长"两种形态。

【观赏特点】花多色艳，花期长，常作花坛、盆栽、花箱等。

【植物故事】我国南北公园普遍应用，有"草花皇后""花坛皇后"之誉。

3.5.4　长春花　*Catharanthus roseus*　夹竹桃科

【俗名】金盏草、四2时春、日日新、三万花、春不老、五瓣梅、雁来红、山矾花、五瓣莲

【识别特征】多年生，常作一年生栽培。叶对生，长圆形，有光泽。聚伞花序有花2～3朵，花冠高脚碟状，颜色丰富，有较浓气味。

【观赏特点】花量大，四季开花，花色鲜艳。常用作花坛、花境、盆栽。

【植物故事】可防治癌症，是目前国际上应用最多的抗癌植物药源之一。

3.5.5　大花马齿苋　*Portulaca grandiflora*　马齿苋科

【俗名】太阳花、松叶牡丹、半支莲、死不了、午时花、洋马齿苋、龙须牡丹、金丝杜鹃

【识别特征】一年生草本。茎叶肉质。多分枝，叶密集枝顶，细圆柱形。花日开夜闭，花色丰富，有单瓣和重瓣品种。

【观赏特点】花多色艳，常作花坛或作盆栽。

【植物故事】虽是一年生，但种子量大，自播繁衍能力强，能够达到多年观赏的效果。花在阳光照射下开放，阴雨天不开，所以又叫"太阳花"。

同属植物中常见的阔叶马齿苋*Portulaca oleracea* var. *granatus*，也叫阔叶半枝莲，叶较宽阔。

阔叶半枝莲1　阔叶半枝莲2　阔叶半枝莲3　阔叶半枝莲4

3.5.6 大丽花 *Dahlia pinnata* 菊科

【俗名】大理花、大丽菊、地瓜花、洋芍药、茗菊、大理菊、西番莲、天竺牡丹、茗花

【识别特征】多年生草本。茎多分枝。叶一至三回羽状全裂，上部叶有时不裂。头状花序，管状花黄色，有时栽培种全为舌状花；有单瓣、细瓣、菊花状、牡丹花状、球状等不同花形；花色有红、紫、白、黄、橙、墨、复色七大色系。

【观赏特点】花大色艳。常做花坛、花境或做盆栽。

【植物故事】原产墨西哥，是全世界栽培最广的观赏植物之一，有30000多个栽培品种。最大花径可达到30～40厘米，是花卉中独一无二的。

3.5.7 芙蓉菊 *Crossostephium chinense* 菊科

【俗名】香菊，玉芙蓉，千年艾，蕲艾

【识别特征】多年生。枝、叶密被灰色柔毛。叶互生，聚生枝顶，全缘或3～5裂。头状花序排成总状，花黄色。

【观赏特点】枝叶银色，花期全年。常做花坛点缀或做盆栽、盆景。

【植物故事】岭南民俗以芙蓉菊为辟邪吉祥植物。

3.5.8 瓜叶菊 *Pericallis hybrida* 菊科

【俗名】富贵菊、黄瓜花

【识别特征】多年生。茎密被白色长柔毛。叶肾形或宽心形，边缘不规则三角状浅裂或具钝锯齿。头状花序排成宽伞房状，花颜色丰富。

【观赏特点】叶大，花多色艳，花型丰满，常做花坛或做盆栽。

【植物故事】暂未培育出黄色系花。

3.5.9　果子蔓　*Guzmania lingulata var.cardinalis*　凤梨科

【俗名】暗红姑氏凤梨、擎天凤梨、红杯凤梨、锦叶凤梨

【识别特征】多年生，常绿。叶莲座状着生，长带状，薄而光亮。穗状花序高出叶片，总苞片15～20枚，披针形，排列较紧凑，颜色多样。

【观赏特点】株形奇特，花期长达三个月。

【植物故事】莲座状叶筒成为贮水的"容器"，若缺水会影响正常生长。主要观赏部位为总苞片。

3.5.10 花烛 *Anthurium andraeanum* 天南星科

【俗名】红掌、安祖花、火鹤花、红苞花烛、蜡烛花

【识别特征】多年生。叶片革质，有光泽，阔心形、圆心形。肉穗花序有细长花序梗，佛焰苞心形，颜色丰富，肉穗花序淡黄色，直立，圆柱形。

【观赏特点】花形奇特，色泽鲜艳，花期长。常做花台、花箱、盆栽或花坛丛植，也可做切花。

【植物故事】喜半阴、湿润环境。

3.5.11　黄帝菊　*Melampodium paludosum*　菊科

【俗名】皇帝菊、美兰菊

【识别特征】一年生。茎二歧分叉，分叉点处抽生花梗。叶对生，下缘具疏锯齿。头状花序，花金黄色。

【观赏特点】株形紧凑，花多繁盛，开花不绝。常做花坛、花境，或做盆栽。

3.5.12 鸡冠花 *Celosia cristata* 苋科

【俗名】鸡髻花、老来红、芦花鸡冠、笔鸡冠、小头鸡冠、凤尾鸡冠、大鸡公花、鸡角根、红鸡冠

【识别特征】一年生。茎粗壮，有棱。单叶互生，狭披针形，全缘。穗状花序，呈鸡冠状、卷冠状、火炬状、绒球状、羽毛状、扇面状，苞片、小苞片和花被片干膜质，宿存，为主要观赏部位，呈红、紫、黄、橙色。

【观赏特点】花色丰富，花序多样，叶色常与花色对应。常做花坛、花境，也做盆栽。

【植物故事】传说，鸡冠花由斗死蜈蚣精的大红公鸡墓上长出，因而有鸡冠花的地方就没有蜈蚣。

3.5.13　金鱼草　*Antirrhinum majus*　车前科

【俗名】龙头花、狮子花、龙口花、洋彩雀

【识别特征】常作一二年生栽培。下部叶对生，上部叶互生；叶片披针形，全缘。总状花序顶生，花冠二唇瓣，基部膨大，花色丰富。

【观赏特点】总状花序直立，常作线状花材用于花坛、花境，也可做盆栽、切花。

【植物故事】金鱼草是7月2日出生之人的生日花。金鱼草代表坚强，这一天出生的人行动和思想都非常理性，凡事讲究原则。

3.5.14　菊花　*Chrysanthemum×morifolium*　菊科

【俗名】秋菊、黄花、陶菊

【识别特征】多年生。茎被柔毛。叶卵形至披针形，羽状浅裂或半裂，有短柄，叶下面被白色短柔毛。头状花序大小不一。总苞片多层，舌状花颜色丰富，管状花黄色。花、叶揉碎有芳香。

【观赏特点】花色丰富，花形多样，常做花坛、花境、盆花、造型菊、切花。

【植物故事】中国十大名花之一；与梅、兰、竹合称花中四君子；也是世界四大切花（菊花、月季、康乃馨、唐菖蒲）之一，产量居首。菊花被赋予清高、孤傲品格，陶渊明有"采菊东篱下，悠然见南山"的名句。中国人有重阳节赏菊和饮菊花酒的习俗，唐·孟浩然有"待到重阳日，还来就菊花"句。在神话中菊花被赋予吉祥、长寿的含义。菊花可赏、可食、可药，自古有分艺菊（赏）和药菊（药）。清朝《广群芳谱》所记载的菊花品种，就有300 ～ 400种。现每年仍有多地举办菊花展，如广州文化公园，已举办60多届。

3.5.15 蓝花丹 *Plumbago auriculata* 白花丹科

【俗名】蓝雪花、蓝茉莉、花绣球

【识别特征】常绿，多年生。茎多分枝，上端蔓状分散。叶薄，卵形或椭圆形。总状花序，花淡蓝色，高脚碟状。

【观赏特点】花蓝色，花量大，花期长。常做花境或丛植造景，也可做盆栽。

【植物故事】市场上常把本种称为蓝雪花，而植物学上的蓝雪花（*Ceratostigma plumbaginoides*）也叫蓝花丹、角柱花、假靛、山灰柴，其种加词*plumbaginoides*即为"像蓝花丹的"，可见两种确实相似，也同为白花丹科植物。白花丹科植物的茎和叶上都有标志性器官——盐腺，可以排出植株在钙质环境中过多吸收的钙盐。蓝花丹老叶背面可见密集的钙质颗粒。

3.5.16 蓝花鼠尾草 *Salvia farinacea* 唇形科

【俗名】粉萼鼠尾草、一串蓝、蓝丝线、鼠尾草

【识别特征】叶对生，呈长椭圆形。轮伞花序，有蓝、紫、青、白等色，具有强烈芳香。

【观赏特点】花蓝色，花序线状，常做花坛、花境、盆栽。

【植物故事】香味浓烈，可食用，可提取精油、做香包等，是良好的蜜源植物。本种常被误认为或引导为薰衣草（*Lavandula pedunculata*）。绿化上所见绝大多数为本种，品种繁多，形态略有差别。

3.5.17　木茼蒿　*Argyranthemum frutescens*　菊科

【俗名】木春菊、法兰西菊、小牛眼菊、玛格丽特、茼蒿菊、蓬蒿菊、木菊
【识别特征】多年生。叶二回羽状分裂。头状花序，总花梗长。花色丰富。
【观赏特点】花色鲜艳，花高耸。常做花坛、花境，或做盆栽。

3.5.18　千日红　*Gomphrena globosa*　苋科

【俗名】火球花、百日红

【识别特征】一年生。叶纸质，长椭圆形，两面被白色长柔毛。顶生球形或长圆形头状花序，单一或2～3个，径2～2.5厘米，常紫红色，有时淡紫或白色；苞片为主要观赏部位。

【观赏特点】花色艳丽有光泽，花干后而不凋，经久不变。常做花坛、花境、盆栽，还可做干花。

【植物故事】观赏部位为苞片，真正的花藏于其中，不明显。花可泡水饮用。

3.5.19 秋英 *Cosmos bipinnatus* 菊科

【俗名】波斯菊、格桑花、扫地梅、大波斯菊

【识别特征】一年生或多年生草本。茎叶细弱，叶二回羽状深裂；头状花序单生，舌状花颜色丰富，管状花黄色。

【观赏特点】株形高大，叶形雅致，花色丰富，常片植做花海，也可做盆栽。

【植物故事】波斯菊不产于波斯。波斯菊原产于墨西哥地区，在哥伦布发现美洲新大陆之后传到欧洲。相传，波斯菊是和石榴、番茄等植物通过丝绸之路由波斯传入中国。

3.5.20 三色堇 *Viola tricolor* 堇菜科

【俗名】猴面花、鬼脸花、猫儿脸、蝴蝶花、人面花、猫脸花、阳蝶花

【识别特征】多年生，常作二年生栽培。植株低矮。基生叶长卵形或披针形，具长柄；茎生叶卵形。每花有紫、白、黄三色，花瓣5枚，上面2枚较大，深紫堇色，下面三枚较小，有紫色条纹；现也有纯色品种。

【观赏特点】花多量大，花色奇特。常做花坛、盆栽。

【植物故事】花朵可食用，常作配菜装饰。

3.5.21　十字爵床　*Crossandra infundibuliformis*　爵床科

【俗名】鸟尾花、半边黄、橙花鸟尾花

【识别特征】多年生。单叶对生，卵形，全缘，叶面暗绿色。花密集，排列成总状花序；花瓣5枚，偏于一侧，橙黄色。

【观赏特点】枝繁叶茂，花形奇异如鸟尾。常做花坛、花境、盆栽。

3.5.22 四季秋海棠 *Begonia cucullata* 秋海棠科

【俗名】四季海棠、玻璃翠、蚬肉秋海棠、瓜子海棠、洋海棠、玻璃海棠

【识别特征】常绿，多年生。全株肉质。单叶互生，有光泽，斜心形。聚伞花序腋生，花红色、粉色、白色，有单瓣及重瓣品种。

【观赏特点】叶形奇特，花期极长，花繁叶茂。常用于花坛、花境、花箱、盆栽。

3.5.23　苏丹凤仙花　*Impatiens walleriana*　凤仙花科

【俗名】非洲凤仙花、何氏凤仙、玻璃翠、矮凤仙

【识别特征】多年生。肉质。叶互生，卵形或椭圆形，边缘具小齿。总花梗腋生，2花，花大小及颜色多变化，有长距。

【观赏特点】花色丰富、全年开花，常做花坛、花境或盆栽。

3.5.24 天竺葵 *Pelargonium hortorum* 牻（máng）牛儿苗科

【俗名】臭海棠、洋绣球、入腊红、石蜡红、日烂红、洋葵、驱蚊草、蝴蝶梅

【识别特征】多年生。茎密被柔毛，具鱼腥味；叶互生；叶圆形或肾形，边缘具圆齿，上面有暗红色马蹄形环纹；花梗长，花瓣红、橙红、粉红或白色，宽倒卵形。

【观赏特点】花挺拔，颜色鲜艳，常做花坛、花箱。

【植物故事】全株具鱼腥味。可提取精油。

3.5.25 铁海棠 *Euphorbia milii* 大戟科

【俗名】虎刺梅、虎刺、麒麟刺、麒麟花、狮子筋

【识别特征】多年生，常绿。茎多分枝，褐色，密生锥状刺。叶集生于嫩枝，倒卵形。花序2、4或8个组成二歧状复花序，每花苞叶2枚，肾圆形，颜色多样，常见红色、粉色。

【观赏特点】终年开花，鲜艳，株形奇特。常做盆栽、造型。

【植物故事】植株的白色汁液有小毒。

3.5.26 万寿菊 *Tagetes erecta* 菊科

【俗名】孔雀菊、缎子花、臭菊花、西番菊、红黄草、小万寿菊、臭芙蓉、孔雀草

【识别特征】一年生。多分枝。叶羽状分裂，边缘有锐齿。头状花序单生，颜色常见黄色、橙色。

【观赏特点】株形整齐，花大，花期长。常做花坛、花境或盆栽。

【植物故事】花可以食用，闻起来非常臭，油炸后香喷、美味。

3.5.27 舞春花 *Calibrachoa elegans* 茄科

【俗名】百万小铃、海滨矮牵牛、小花矮牵牛

【识别特征】多年生。全株被细毛。枝条呈蔓性，多分枝。叶对生，叶宽披针形。植株自然高度15～20厘米，花单生，漏斗状，花萼五裂，花冠漏斗型。花色多。花期春、夏、秋，不结实。

【观赏特点】花形小巧，花量大，株形自然，常做吊盆、花箱观赏，或做组合盆栽、花坛。

【植物故事】舞春花由舞春花属（又称小花矮牵牛属）植物与矮牵牛属植物杂交而成，其遗传属性接近小花矮牵牛，因此，也被称为"小花矮牵牛"。舞春花很像矮牵牛（碧冬茄），且最早在沿海地区发现，因此也被称为"海滨矮牵牛"。

3.5.28　香彩雀　*Angelonia angustifolia*　车前科

【俗名】天使花、水仙女、蓝天使

【识别特征】多年生。全株被腺毛。叶对生；叶片条状，近无柄。花单生，似总状花序，小花像兜囊，先端五裂，下方裂片基部常有一白斑。有红紫、粉、白色及双色等花色。

【观赏特点】花形小巧，花量大，是优良的线状花材。常用作花境、盆栽。

【植物故事】香彩雀和采油蜂的协同进化。香彩雀花没有蜜汁，但分泌油脂，被专门的采油蜂采集，并且帮助传粉。在花下方裂片的基部，有个明显凸起的黄绿色胼胝体结构，专门用来指引采油蜂从正确位置着陆的，以采到胼胝体旁边花瓣基部分泌的油脂。油脂可用来建造蜂巢的内衬，或是作为培育后代的食物储备。香彩雀对产油蜂具有专一性，但产油蜂却采集多种同属植物的油脂。雄性兰花蜂也会光顾香彩雀，但不能帮助传粉，只来"偷"香，以帮助它提高对雌蜂的吸引力。

3.5.29 向日葵 *Helianthus annuus* 菊科

【俗名】葵花、向阳花、望日葵、朝阳花、转日莲

【识别特征】一年生。茎、叶被白毛。叶互生,卵圆形,边缘有粗锯齿。头状花序常下倾,舌状花黄色,管状花棕色或紫色。

【观赏特点】花盘形似太阳,花色亮丽,富有生机。常做花海,或丛植点缀、盆栽。

【植物故事】食用向日葵以食用葵花籽(瓜子)、葵花籽油为主。观赏向日葵品种繁多。凡·高名作《向日葵》分别绘制了插在花瓶中的3朵、5朵、12朵、14朵,以及15朵向日葵,总共画了七幅。

3.5.30　新几内亚凤仙花　*Impatiens hawkeri*　凤仙花科

【俗名】五彩凤仙花、四季凤仙

【识别特征】多年生。全株肉质。叶互生，长卵形，叶缘有锯齿。花单生叶腋，有长距。花色丰富。

【观赏特点】花色丰富、全年开花，常做花坛、花境或盆栽。

3.5.31 须苞石竹 *Dianthus barbatus* 石竹科

【俗名】五彩石竹、十样锦、美国石竹

【识别特征】多年生。茎有棱。叶片合生成鞘，全缘。花多数，集成头状；花瓣卵形，通常红、白、紫、深红等色，有环形斑纹，顶端齿裂；雄蕊伸出花外。

【观赏特点】花序大，颜色鲜艳。常做花坛、花境、盆栽，也做切花。

3.5.32　一串红　*Salvia splendens*　唇形科

【俗名】西洋红、象牙红、爆仗红、炮仔花、象牙海棠、墙下红

【识别特征】茎钝四棱形。叶卵圆形，边缘具锯齿。轮伞花序 2 ~ 6 花，组成顶生总状花序，红色，苞片卵圆形，花萼钟形，花冠筒状，直伸出花萼外，冠檐二唇形。

【观赏特点】花大红色，如串串鞭炮，挺拔，鲜艳，喜庆。常做花坛、花境、盆栽。

3.5.33 一品红 *Euphorbia pulcherrima* 大戟科

【俗名】圣诞花、老来娇、猩猩木

【识别特征】灌木。叶互生，卵状椭圆形、长椭圆形或披针形。苞叶5～7枚，狭椭圆形，朱红色；花序数个聚伞排列于枝顶。

【观赏特点】苞叶为主要观赏部位。花期从秋到春，常做花坛、盆花。

【植物故事】品种繁多，苞叶有白、粉、橙、复色等，但以红色最为常见。

3.5.34 醉蝶花 *Tarenaya hassleriana* 白花菜科

【俗名】蝴蝶梅、醉蝴蝶

【识别特征】一年生。粗壮。掌状复叶，小叶5~7，披针形。总状花序顶生，苞片叶状，花瓣红、淡红或白色，瓣片倒卵状匙形，花蕊长。有较浓气味。

【观赏特点】植株高大，花瓣轻盈飘逸，花丝花柱长，似蝴蝶飞舞。常做花坛、花境、花海，也可做盆栽。

【植物故事】傍晚开花，次日白天凋谢，故又叫夏夜之花。抗二氧化硫、氯气。

3.6 常见藤本

藤本植物,也称藤蔓植物,指不能依靠自身直立向上生长的植物,既有草本,也有木本。它们有的靠卷须、枝刺或吸盘攀附他物向上生长,是攀援藤本;有的以茎缠绕他物向上生长,是缠绕藤本;有的匍匐于地面,节上生不定根,横向生长。由于藤本植物枝条柔软绵长,常用于假山,边坡,拱门,长廊、棚架、篱垣、墙面的绿化。

3.6.1 白花油麻藤 *Mucuna birdwoodiana* 豆科

【俗名】禾雀花、血枫藤、鸡血藤、大兰布麻、白花禾雀花

【识别特征】常绿大型木质藤本。三出复叶,有光泽。总状花序生于老茎上,花成束生于节上,似一串小鸟。

【观赏特点】老茎生花,花型奇特,似串串禾雀飞舞。常在棚架上或树林中栽植观赏。

【植物故事】本种开花时具有强烈腐臭气味,但花味道甘甜可口,适合多种烹饪方法。花晒干后可降火清热。

禾雀花的紫花种类为油麻藤（*Mucuna sempervirens*），俗名棉麻藤、牛马藤、常绿油麻藤、常春油麻藤。花深紫色。

3.6.2　地锦　*Parthenocissus tricuspidata*　葡萄科

【俗名】爬墙虎、爬山虎、田代氏大戟、铺地锦、地锦草

【识别特征】木质，落叶。卷须与叶对生，卷须顶端嫩时膨大呈圆珠形，后遇附着物扩大成吸盘。单叶，3裂或不裂，倒卵圆形。

【观赏特点】枝繁叶茂，春夏青绿，秋季红叶，冬季落叶。做立体绿化防暑隔热，春夏遮蔽效果好，秋冬落叶后阳光又可照射。

【植物故事】地锦的吸盘具有超强的吸附能力，可达自身重量的200多万倍。在电子显微镜下观察，可见吸盘上有大量微管和微孔，且存在共用管壁，使得吸附能力大增。吸盘还会分泌生长激素。当吸盘遇到墙面，即开始分泌酸性生长激素，增强吸盘和墙面的黏附力，使吸盘锚住墙面。同时，包裹在吸盘里的空气中的氧气消耗后形成负压，进一步增大了吸盘的附着力。

3.6.3 锦屏藤 *Cissus verticillata* 葡萄科

【俗名】珠帘藤、面线藤

【识别特征】常绿，草质，多年生。枝条细，具卷须；老株从茎上发出红褐色细长气根。叶互生，心形，叶缘有锯齿。

【观赏特点】细长的红褐色气根下垂，如挂着的珠帘。常做棚架绿化。

【植物故事】生命力极强，容易栽培，播种、扦插均易成活，一年即可成景。

3.6.4 蓝花藤 *Petrea volubilis* 马鞭草科

【俗名】兰花藤、紫霞藤、砂纸叶藤、许愿藤

【识别特征】木质。叶对生，革质，粗糙，椭圆形。总状花序下垂，花蓝紫色，萼片5枚，狭长，张开如五星，宿存；花瓣5枚，倒卵形。

【观赏特点】花量大，蓝紫色，花萼如五星，瓣、萼同赏。常栽于棚架上。

【植物故事】蓝花藤的属名"*Petrea*"源于罗伯特·彼得（Robert J.Petre）的姓氏，是为了纪念非凡的彼得。罗伯特·彼得（1713～1742）是著名的园艺家和英国贵族，为欧洲引进了许多热带植物。*volubilis* 是缠绕的意思，说明蓝花藤的主要特点。

3.6.5　龙吐珠　*Clerodendrum thomsoniae*　唇形科

【俗名】九龙吐珠、白萼贞桐、红花龙吐珠、麒麟吐珠

【识别特征】木质。叶对生，纸质，狭卵形，略粗糙。聚伞花序，花萼白色，基部合生，有棱，先端分裂成三角状，合笼，如杨桃；花冠深红色；花蕊伸出花冠外。

【观赏特点】红花伸出于白萼之外，花蕊探出更远，花形奇特，如龙吐珠。可做花架、盆栽，还可做造型。

【植物故事】龙吐珠起初名为"珍珠宝塔"，销量极少。后华侨工人方福林建议改名"龙吐珠"。改名后远销世界各地，龙吐珠之名流行全球。

有花萼为红色的红萼龙吐珠*Clerodendrum speciosum*，又名美丽龙吐珠、红萼珍珠宝莲，更为艳丽，用法相同。

3.6.6　炮仗藤　*Pyrostegia venusta*　紫葳科

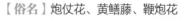

【俗名】炮仗花、黄鳝藤、鞭炮花

【识别特征】木质。小枝顶端具3叉丝状卷须；叶对生，小叶2～3，卵形。圆锥花序，花冠筒状，橙红色，如一串串鞭炮。

【观赏特点】花量大，橙红色，如串串鞭炮。常做花架。

【植物故事】寓意红红火火，喜庆吉祥。

3.6.7 珊瑚藤 *Antigonon leptopus* 蓼科

【俗名】紫苞藤、朝日藤、旭日藤、凤冠、凤宝石、连理藤

【识别特征】落叶。藤蔓纤细。叶互生，卵形，基部深心形，网脉明显，叶薄而粗糙。总状花序，花淡红色，清香。花序轴顶部延伸变成卷须。

【观赏特点】花小而量大，艳丽，花期长。常做花架、花篱。

【植物故事】植物攀援在树上后，开花时难分是树开花还是藤开花。有"藤蔓植物之后""女王花环"的美称。花语为"爱的枷锁"。

3.6.8 使君子 *Combretum indicum* 使君子科

【俗名】四君子、史君子、舀求子、西蜀使君子、毛使君子

【识别特征】攀援。叶近对生，椭圆形，叶脉明显。花序伞房状，花萼筒状，花瓣裂片自萼筒外展成五星状。夜间开花，初开白色，后变粉色，最后为红色，芳香。果实有棱，如小杨桃。

【观赏特点】枝繁叶茂，遮蔽效果好。花量大，一花三色。常做花架、花篱，也用于屋面绿化、降温。

【植物故事】花、果可食用、药用。使君子名字来由，一说因宋代郭使君最初用其治疗儿童蛔虫病，因而取名；一说因三国时刘备儿子刘禅无意采食其果实后排出蛔虫，后刘备便采集果子用以治疗怪病；因刘备是"使君"，因而取名。闽台地区有七夕吃使君子保健的习俗。宋朝诗人翁元广《使君子》诗："竹篱茅舍趁溪斜，白白红红墙外花。浪得佳名使君子，初无君子到君家。"

3.6.9 蒜香藤 *Mansoa alliacea* 紫葳科

【俗名】紫铃藤、张氏紫薇

【识别特征】常绿，木质。全株揉碎有蒜香。枝条节部肿大。复叶，对生，每个叶具2枚小叶，顶部有卷须。花密集，花冠漏斗状，初开时紫色，凋落时变白色。

【观赏特点】花量大，花期长，花色富有变化。常做花架、花篱，或作地被。

【植物故事】可以代替蒜用于烹饪。由于蒜味浓烈，暂未发现明显病虫害。

3.6.10 紫藤 *Wisteria sinensis* 豆科

【俗名】紫藤萝、朱藤、招藤、招豆藤、藤萝

【识别特征】落叶，木质。茎粗壮，左旋缠绕。羽状复叶，小叶纸质，卵形。总状花序下垂，花冠紫色。荚果密被灰色茸毛。

【观赏特点】花紫色，花量大，串串下垂，伴着稀疏新叶。常做花架。茎可随意弯曲，还可做盆景。

【植物故事】紫藤原产西域，由汉代张骞出使时带回，从此成为我国庭园美化植物，寓意"家宅平安，紫气东来"。古人多有诗文吟咏。李白有《紫藤树》诗："紫藤挂云木，花蔓宜阳春；密叶隐歌鸟，香风留美人。"白居易有"藤花无次第，万朵一时开"句。清代多有紫藤书画，如恽寿平《鱼藻图》轴、李鱓《松藤图》轴、蒋廷锡《紫藤》等。花可食用，称为"藤花菜"。

3.7 常见竹类

竹是高大乔木状禾草类植物，主要以根茎繁殖。春季从根茎的节上萌生出笋，由密生的箨叶包裹，笋的节数和粗度决定了竹的节数和粗度；出土后笋的节间迅速伸长，能在几天至十几天中生长成乔木状的竹，节数和粗度均与笋时相同；长成竹后不再长高长粗，转由长枝叶和茎的木质化生长。竹虽然是多年生的，但一生只开一次花，开花结实后即全株凋谢死亡。

竹在中国文化中占有十分重要的地位，在中国园林中广泛应用，可孤丛植于园中，列植于墙边，盆栽于庭院。华南的公园经常可以见到竹子的身影，下次不妨停下脚步，聆听风吹过竹叶，看竹影婆娑……

3.7.1 大佛肚竹
Bambusa vulgaris 'Wamin'
禾本科

【俗名】佛肚竹

【识别特征】丛生型；竿绿色，下部各节间极为短缩，并在各节间的基部肿胀；节的下半部膨大，直径5～9厘米，盆栽的节高约2厘米，地栽的节间高达8厘米。

【观赏特点】竹竿奇特，竿丛密集，形成圆伞顶冠，常在庭园孤丛植。

3.7.2 粉单竹 *Bambusa chungii* 禾本科

【俗名】单竹，猪蹄竹，焕镛簕竹

【识别特征】丛生型；秆高达18米，节间长30 ～ 45（100）厘米，幼时有显著白粉；分枝高，每节具多数分枝，主枝较细，小枝具6 ～ 7叶。

【观赏特点】竹丛疏密适中，挺秀优姿，宜作为庭园绿化之用。

【植物故事】我国南方特产竹种，竹材竿直、壁薄、节平、节间特长、材质柔韧，是优良的篾用竹和造纸工业原料。

3.7.3 佛肚竹 *Bambusa ventricosa* 禾本科

【俗名】小佛肚竹

【识别特征】丛生型；竿二型，畸形竿肿胀成瓶状，高0.5～1米，较细，直径仅1～2厘米；正常竿，节间不肿大，高达10米，直径3～5厘米。

【观赏特点】灌木状丛生，竿短小畸形，状如佛肚，姿态秀丽，四季翠绿。常与假山、崖石等配置，或做盆栽。

【植物故事】竹型较大，节间膨大如佛肚，故名。佛肚竹的"大腹便便"如笑口常开的弥勒佛，寓意着宽容、和善和快乐；也有"宰相肚里能撑船"的气度。

3.7.4　观音竹　*Bambusa multiplex var.riviereorum*　禾本科

【俗名】筋头竹

【识别特征】竿实心，高1～3米，直径3～5毫米，小枝具13～23叶，常下弯呈弓状，叶片线形。

【观赏特点】秆叶细密，姿态优雅。常在假山上配置、做绿篱或盆栽。

【植物故事】在我国栽培历史悠久，元朝李衎《竹谱详录·竹品谱》："观音竹，两浙、江、淮俱有之，一种与淡竹无异，但叶差细瘦，仿佛杨柳，高止五六尺，婆娑可喜。"

3.7.5　黄金间碧竹　*Bambusa vulgaris* f. *vittata*　禾本科

【俗名】玉韵竹、黄金竹

【识别特征】竿稍疏离，高8～15米，径
5～9厘米，节间长20～30厘米，竿黄色，
节间正常，具宽窄不等的绿色纵条纹；竿
基部1～3节常无分枝；主枝粗大；小枝有
7～8叶。

【观赏特点】秆金黄色，兼以绿色条纹相间，
色彩鲜明夺目，常在庭园孤丛植配置。

【植物故事】是龙头竹的变型，黄色的竹竿上
有绿色的条纹，如金条之上点缀碧玉，十分
奇特。

3.7.6 青皮竹 *Bambusa textilis* 禾本科

【俗名】扎篾竹、搭棚竹、高竹、晾衣竹、广宁竹、小青竹、黄竹、地青竹、山青竹、篾竹

【识别特征】竿高8～10米，直径3～5厘米，尾梢弯垂；节间长40～70厘米，绿色，幼时被白蜡粉和刺毛；竿中下部第7～第11节开始分枝，多枝簇生，中央1枝较粗长。小枝具8～14叶。

【观赏特点】株形紧凑，秀雅翠绿，姿态潇洒，可孤丛植配置。

【植物故事】著名编织用材，可编制各种竹器、竹缆、竹笠和工艺品等；竹篾用作建筑工程脚手架的绑扎篾和土法榨油的油箍篾。中药"天竺黄"产自此竹的节间中。

3.7.7 小琴丝竹 *Bambusa multiplex* 'Alphonse-Karr' 禾本科

【俗名】花孝顺竹

【识别特征】中小型竹种；竿高4～7米，直径1.5～2.5厘米，尾梢近直或略弯；节间长30～50厘米，幼时薄被白蜡粉；节处稍隆起；分枝自竿基部第二或第三节即开始，多枝簇生，主枝稍较粗长；竿和分枝的节间黄色，具不同宽度的绿色纵条纹，竿箨新鲜时绿色，具黄白色纵条纹。

【观赏特点】竹竿金黄间碧，叶密集下垂，姿态婆娑秀丽、潇洒，常用于小型庭园造景，或做绿篱。

【植物故事】原种为孝顺竹，节间和枝绿色。

3.8　常见水生植物

　　水生植物指能在水中生长的植物。根据其生活方式，一般分为挺水植物、浮水植物，沉水植物和漂浮植物。在城市公园中，常见的是挺水植物，它们植株高大，根或地茎扎入泥中生长，上部植株挺出水面。常用做水景绿化，或做水体净化。

3.8.1　花叶芦竹　*Arundo donax*　禾本科

【**俗名**】斑叶芦竹、花芦竹、彩叶芦竹、玉带草、变叶芦竹

【**识别特征**】多年生挺水草本。秆粗大直立，高3～6米。叶鞘长于节间；叶片扁平，具白色纵长条纹而甚美观；基部白色，抱茎。

【**观赏特点**】高大挺拔，形状似竹。早春叶色黄白条纹相间，后增加绿色条纹，盛夏新生叶则为绿色。常用于水景园林背景绿化，或点缀于桥、亭、榭四周。

【**植物故事**】可净化水质；花序可用作切花；幼嫩枝叶可作饲料；茎秆可制管乐器中的簧片；茎可制纸浆和人造丝。

3.8.2 莲 *Nelumbo nucifera* 莲科

【俗名】荷花、菡萏、芙蓉

【识别特征】多年生挺水草本；叶盾状圆形，伸出水面，叶柄中空，常具刺；花单生于花葶顶端，花瓣多数，红、粉红或白色，有时变态成雄蕊；雄蕊多数，花丝细长。

【观赏特点】中国的十大名花之一，花大色艳，清香远溢，凌波翠盖，适应性极强，常做水面绿化。

【植物故事】在中国的文化语境里，莲（包括藕）具有丰富的内涵，美丽、优雅、高洁、素淡、廉洁等，留传了大量诗文和画作。莲是被子植物中起源最早的种类之一，一亿三千五百万年以前，在北半球的许多水域地方都有莲属植物的分布。荷花全身皆宝，藕和莲子能食用；莲子、根茎、藕节、荷

叶、花和种子的胚芽等可治多种疾病；莲叶可做食物包裹材料。莲叶上的水常形成小水珠，起到自洁作用，莲叶的上表皮细胞表面布满了高10～20微米，宽10～15微米的突起（参照物：一根亚洲人头发的直径是80～

120微米），并且被覆着一层疏水的蜡，这种特殊的微米结构使得水滴落在莲叶上时，会被突起和蜡隔离开表皮细胞，进而滚动形成小水珠，小水珠把叶表面的脏东西黏住、带走，最终实现自洁。

3.8.3 睡莲 *Nymphaea nouchali* 睡莲科

【俗名】水浮莲、子午莲

【识别特征】多年生浮水草本；叶漂浮，薄革质或纸质，心状卵形或卵状椭圆形；花单生于花葶顶端，伸出水面，花瓣多数，颜色丰富。

【观赏特点】叶漂浮水面，花挺拔，体型较荷花为小，常做水景绿化，还可缸栽。

【植物故事】在古希腊、古罗马，睡莲被视为圣洁、美丽的化身，常做供奉女神的祭品。可净化水质。

3.8.4 梭鱼草 *Pontederia cordata* 雨久花科

【俗名】白花梭鱼草

【识别特征】多年生挺水植物，株高20~80厘米；基生叶卵圆状心形，基部心形，全缘；花葶直立，穗状花序高出叶面，小花多数，蓝色，上方两花瓣各有两个黄绿色斑点，质地半透明。

【观赏特点】叶色青绿，花色清幽，适合在浅水处绿化。

【植物故事】花蜜量大，吸引多种昆虫采食，如蝴蝶、熊蜂、蜻蜓、长喙天蛾等。

3.8.5 香蒲 *Typha orientalis* 香蒲科

【俗名】菖蒲、长苞香蒲、水烛

【识别特征】多年生挺水草本；高1.3～2米；叶片条形，光滑无毛，横切面呈半圆形，细胞间隙大，海绵状；雌雄花序紧密连接，状如香肠。

【观赏特点】叶色翠绿秀美，花序奇特，常作为水景配景材料。

【植物故事】因宽厚的叶子编制的蒲席带有清香而得名；叶片用于编织、造纸等；幼叶基部和根状茎先端可食。

3.8.6 再力花 *Thalia dealbata* 竹芋科

【俗名】水竹芋、水莲蕉、塔利亚

【识别特征】多年生挺水草本；高达2米以上；叶卵状披针形，浅灰蓝色，边缘紫色，长50厘米，宽25厘米；复总状花序，花小，紫色。

【观赏特点】植株紧凑，高大美观，叶片似蕉，青翠宜人，花序大，小花奇特，常做水景绿化。

【植物故事】具有捕捉昆虫的能力，当触及兜状退化雄蕊上缘时，会使花柱迅速释放并卷曲，捕捉昆虫。可净化水质。侵占力强，繁殖速度快，应用时要采用地下硬质材料隔离以防入侵。

4

我国华南典型城市
公园游园指南

──────────── **4.1 一年花事** ────────────

　　在鸟语花香的公园里游玩，惬意无比。一年之中，何时开什么花，也是读者关心的问题。表4-1列出了华南一年不同时期开花的植物种类，供读者参考。因华南地区城市地理位置不同，具体公园的小环境不同，每年的气候条件也不完全一样，植物花期会有一定的提前或延后，需要读者根据实时实地情况进行调整。此外，受篇幅所限，本表所列植物部分种类并未列入前述常见植物当中，需要读者自行查找资料辅助观察。相信读者在看完"如何看植物"章节的内容后，一定能找到看花的法门的！

表 4-1　华南城市公园各月开花植物列表

序号	花期	花名	观赏点	华南地区市花
1	1～3月	梅花	观花	广东梅州
2	1～3月	木棉	观花	广东广州、广西崇左
3	四季常开，1～10月最佳观赏期	月季	观花	广西柳州、福建莆田
4	2～6月	炮仗花	观花	—
5	2～4月	喜花草	观花	—
6	2～5月	火花树	观花	—
7	2～3月	黄花风铃木	观花	—
8	2～3月	玉兰花	观花	广东东莞
9	花期全年，2～3月最佳观赏期	宫粉羊蹄甲	观花	—
10	3～7月	假萍婆	观花、观果	—
11	3～6月	串钱柳	观花	—
12	3～5月	杜鹃花	观花	广东韶关、珠海
13	3～4月	粉花风铃木	观花	—
14	3～4月	花旗木	观花	—
15	3～4月	中国无忧花	观花	—
16	3～12月，5～7月最佳观赏期	龙船花	观花	—
17	3～12月	大花美人蕉	观花	—

序号	花期	花名	观赏点	华南地区市花
18	3～10月	巴西鸢尾	观花	—
19	3～10月	蓝花草	观花	—
20	4～9月,6～8月最佳观赏期	白兰	观花	广东佛山、东莞、潮州
21	4～9月	糖胶树	观花	—
22	4～8月	灰莉	观花	—
23	4～7月	苹婆	观花、观果	—
24	4～6月	广玉兰	观花	—
25	4～6月	禾雀花	观花	—
26	4～6月	花叶艳山姜	观花	—
27	4～12月	鸡蛋花	观花	广东肇庆
28	4～10月	鸡冠刺桐	观花	—
29	4～10月	鸳鸯茉莉	观花	—
30	5月中旬～9月	荷花	观花	广东肇庆、揭阳、广西贵港、澳门特别行政区
31	5月～翌年2月	紫蝉	观花	—
32	5～9月	粉花山扁豆	观花	—
33	5～7月	大叶紫薇	观花	—
34	5～7月	凤凰木	观花	广东汕头
35	5～7月	尖叶杜英	观花	—
36	5～7月	水石榕	观花	—

续表

序号	花期	花名	观赏点	华南地区市花
37	5～6月	朱顶红	观花	—
38	5～11月	粉叶金花	观花萼	—
39	5～11月	使君子	观花	—
40	6～9月	韭兰	观花	—
41	6～9月	小叶紫薇	观花	—
42	6～8月	腊肠树	观花	—
43	6～12月	黄槐	观花	—
44	6～10月	夹竹桃	观花	—
45	6～10月	软枝黄蝉	观花	—
46	7～11月，最佳观赏期为8月中旬到9月初	复羽叶栾树	观花	—
47	7～10月	红绒球	观花	—
48	四季常开，7～10月最佳观赏期	朱槿	观花	广东茂名、广西南宁
49	8～9月	金凤花	观花	—
50	8～12月，12月为最佳观果期	铁冬青	观果	—
51	9月～翌年6月	勒杜鹃	观花	广东深圳、惠州、江门、珠海、福建厦门、三明、惠安、广西梧州、北海、海南海口、三亚
52	9～12月	黄钟花	观花	—

序号	花期	花名	观赏点	华南地区市花
53	9～12月	美丽异木棉	观花	—
54	9～11月	菊花	观花	广东中山
55	9～11月	木芙蓉	观花	—
56	四季常开，9～11月最佳观赏期	桂花	观花	广西桂林
57	10月～翌年6月	红花羊蹄甲	观花	香港特别行政区、广东湛江、广西南宁
58	10月～翌年5月，1～3月最佳观赏期	山茶花	观花	—
59	11月～翌年3月	冬红	观花萼	—
60	12月～翌年4月，4月最佳观赏期	火焰木	观花	—
61	12月～翌年3月	刺桐	观花	福建泉州
62	12月～翌年3月	紫花风铃木	观花	—
63	12月～翌年2月	落羽杉	观叶	—

注："—"为无信息。

4.2 华南典型城市公园导赏

城市公园承载着市民的休闲、游憩、运动需求，也是开展文化宣传、交流、科普、纪念、节庆活动的重要场地。不同的公园因地形地貌不同，公园植被和景观不同，生境也就不一样，动植物种类也有差别。下面表4-2列出华南部分典型城市公园的导赏表，读者可根据自身需要前往，开启欣赏大自然的动植物之旅。

表 4-2 华南部分典型城市公园导赏表

序号	公园名称	城市	活动	活动时间	特点	特色植物	动物
1	越秀公园	广州	迎春花展、迎春灯会	春节期间	综合性文化观赏公园，候鸟迁徙地	桫椤、苏铁蕨、木棉	鸟类、昆虫、爬行类、哺乳类
2	珠江公园	广州	系列科普活动	9～10月上旬	植物专类园	木兰科植物、棕榈科植物	鸟类、昆虫
3	天河公园	广州	迎春花展	春节期间	百花园、粤晖园、粤秀园	茶花、杜鹃园、紫薇、棕榈类	蝴蝶、两栖类、爬行类、鸟类、赤腹松鼠
4	海珠湖公园	广州	"迎春非遗文化嘉年华"活动	春节期间	湿地公园	时花	蝴蝶、蜻蜓、湿地鸟类、两栖类、爬行类、赤腹松鼠
5	云台花园	广州	云台花园插花展	不定期	园林式花园	鹅掌楸、土沉香、降香黄檀、油杉、大叶竹柏	蝴蝶、蜻蜓、湿地鸟类、两栖类、爬行类、赤腹松鼠
6	流花湖公园	广州	—	—	广州欧式小白宫、岭南盆景园	玫瑰、紫薇、锦屏藤、盆景植物	湿地鸟类、两栖类
7	文化公园	广州	羊城菊会	11月中旬	文化艺术展览演出	木棉、中国无忧花	鸟类
			迎春花会	春节期间			
			中秋灯会	中秋期间			

序号	公园名称	城市	活动	活动时间	特点	特色植物	动物
8	麓湖公园	广州	—	—	紫荆花海、木棉花海、落羽杉林	大腹木棉、美丽异木棉、宫粉紫荆、落羽杉林	蝴蝶、蜻蜓、鸟类、两栖类、爬行类
9	人民公园	深圳	深圳月季展	春节期间	月季名园、南方月季中心	月季	蝴蝶、蜻蜓、鸟类、两栖类、爬行类
10	洪湖公园	深圳	深圳荷花展	6～7月	市级湿地公园、水生植物	荷花、莲花	蝴蝶、蜻蜓、两栖类
11	莲花山公园	深圳	莲花山草地音乐节	11月上旬	国家重点公园、国家红色旅游示范基地、广东省爱国主义教育基地、深圳市党员教育基地	簕杜鹃、首长手植树	蝶蝶、鸟类、爬行类、赤腹松鼠
			深圳勒杜鹃花展	11月下旬			
			年度最美园长、园丁、志愿者、最佳设计师等评选；共建花园展等	12月上中旬			
			深圳自然教育嘉年华	12月上旬			
12	东湖公园	深圳	深圳菊花展	11月下旬	水库文化	菊花	蝴蝶、两栖类、鸟类

序号	公园名称	城市	活动	活动时间	特点	特色植物	动物
13	深圳湾公园	深圳	深圳极限运动嘉年华	11月中旬	红树林湿地、候鸟迁徙地、滨海公园	红树林、棕榈植物、朱槿	鸟类
			深圳湾音乐节	11月中旬			
			深圳湾新年乐跑	元旦1月1日			
			白鹭坡自然读书会	11月下旬			
			深圳湾公园护鸟周—候鸟的奇妙旅行科普	12月中旬			
14	荔枝公园	深圳	荔枝节、深圳市迎春花展	—	岭南园林特色、荔枝文化	荔枝树	昆虫、爬行类、鸟类、赤腹松鼠
15	翠竹公园	深圳	—	—	竹类主题园	竹子	鸟类
16	旗峰公园	东莞	全国交通安全日	12月上旬	典型丘陵地带公园	荔枝树	两栖类、鸟类
17	榴花公园	东莞	—	—	综合性公园	—	蝴蝶、蜻蜓、鸟类、两栖类、爬行类
18	东莞人民公园	东莞	红色文化宣传	全年	红色革命文化遗址,抗日遗址	桫椤、苏铁、西藏红、银桦树、柠檬桉、桃花心木	蝴蝶、蜻蜓、鸟类、两栖类、爬行类

序号	公园名称	城市	活动	活动时间	特点	特色植物	动物
19	清溪文化公园	东莞	旅游登山节	10~11月	河道风光、客家文化、综合性公园	短萼仪花、禾雀花	昆虫、爬行类、鸟类、赤腹松鼠
20	千灯湖公园	佛山	千灯湖灯光秀	周一~周四、周日	岭南传统文化公园	荷花、落羽杉、凤凰木	蝴蝶、蜻蜓、鸟类、两栖类、爬行类
21	顺峰山公园	佛山	顺峰山公园荧光悦跑活动	8月中旬	紫罗兰花海	紫罗兰、时花	蝴蝶、蜻蜓、鸟类、两栖类、爬行类
22	文华公园	佛山	水舞灯光秀	周五、周六晚上8:30	玫瑰花田	玫瑰、水杉	蝴蝶、蜻蜓、鸟类、两栖类、爬行类
23	亚洲艺术文化公园	佛山	亚洲艺术节（2005年11月）	—	岭南水乡文化公园、水上森林景观	荷花、宫粉紫荆	蝴蝶、蜻蜓、鸟类、两栖类、爬行类
24	西南公园	佛山	声光秀	周二~周日晚上8:30	综合性公园	美丽异木棉、凤凰木、洋紫荆	蝴蝶、蜻蜓、鸟类、两栖类、爬行类
25	南宁市人民公园	南宁	—	—	广西青少年科技教育基地、广西壮族自治区文物保护单位、广西爱国主义教育基地	—	蝴蝶、蜻蜓、鸟类、两栖类、爬行类

序号	公园名称	城市	活动	活动时间	特点	特色植物	动物
26	南宁荔园滨水公园	南宁	—	—	综合公园	木棉、樟树、龙眼、竹子	蝴蝶、蜻蜓、鸟类、两栖类、爬行类
27	南湖公园	南宁	三月三欢歌	3~4月	红色革命文化	木棉花、三角梅、紫荆花	蝴蝶、蜻蜓、鸟类、两栖类、爬行类
28	青秀湖公园	南宁	"环清秀湖健康走"活动	3月上旬	竹园、滨水休闲区、候鸟湿地公园	绿竹、紫竹、湿生植物、红木槲球、苏铁	蝴蝶、蜻蜓、鸟类、两栖类、爬行类
29	南宁狮山公园	南宁	竹荷文化节	6~7月	竹园，典型丘陵地形	竹子、水杉、荷花、木棉、蒲桃、大王椰子	蝴蝶、蜻蜓、鸟类、两栖类、爬行类
30	福州西湖公园	福州	福州西湖花朝节，上巳文化月	3~4月	古典园林公园	垂柳、碧桃	蝴蝶、蜻蜓、鸟类、两栖类、爬行类
31	金鸡山公园	福州	全国科普日	9月上旬	人气公园、人工瀑布	梅花、樱花、桃花、紫薇	黄眉柳莺。大山雀，白腹鸫
32	花海公园	福州	新春游园活动	2月	四季大型花海，万花园	时花	蝴蝶、蜻蜓
33	金山公园	福州	大型世界地球日活动	4月	生态园林公园，生态候鸟岛	樱花、湿生植物	湿地鸟类、两栖类

续表

序号	公园名称	城市	活动	活动时间	特点	特色植物	动物
34	于山公园	福州	"登福山，赏福兰"活动	2～6月	辛亥革命指挥部旧址，福州地标建筑"白塔"	—	鸟类、赤腹松鼠
35	海口白沙门公园	海口	"海南沙滩运动嘉年华"	9～10月上旬	生态湿地园，海滨公园	糖胶树、木麻黄树	白腰文鸟，褐翅鸦鹃、白胸苦恶鸟，绣眼鸟斑纹鸟，绿嘴地鹃
36	白鹭公园	三亚	公园灯会	2～4月	社会主义核心价值观主题公园，白鹭天堂	海棠花、棕榈类	白鹭、白眉田鸡、草鹭、黑脸琵鹭、白脸琵鹭

参考文献

华南城市公园
常见动植物

[1] 陈锡昌.广州蝴蝶.澳门:读图时代出版社,2011.

[2] 陈锡昌,杨骏,刘广.野外观蝶——广州蝴蝶生态图鉴.广州:广东科技出版社,2017.

[3] 张浩淼.中国蜻蜓大图鉴.重庆:重庆大学出版社,2019.

[4] 邢福武.广州野生植物.武汉:华中科技大学出版社,2011.

[5] 刘阳,陈水华.中国鸟类观察手册.长沙:湖南科学技术出版社,2021.

[6] 吴欣,袁月芳,李鹏初,等.华南地区常见园林植物识别与应用(灌木与藤本卷).北京:中国林业出版社,2021.

[7] 沈海岑,梁海英,李鹏初,等.华南地区常见园林植物识别与应用(乔木卷).北京:中国林业出版社,2021.

[8] 吴永彬,刘新科,黄颂谊,等.广州湿地公园常见植物.北京:中国林业出版社,2021.

索引

I 动物名称索引

续表

目	科名	属名	种加词	亚种名	中文名	页码
鹃形目	杜鹃科	*Cacomantis*	*merulinus*		八声杜鹃	068
鹃形目	杜鹃科	*Centropus*	*sinensis*		褐翅鸦鹃	090
鹃形目	杜鹃科	*Eudynamys*	*scolopaceus*		噪鹃	121
雀形目	霸鹟科	*Muscicapa*	*sibirica*		乌鹟	117
雀形目	霸鹟科	*Lanius*	*schach*		棕背伯劳	122
雀形目	鹎科	*Hypsipetes*	*leucocephalus*		黑短脚鹎	091
雀形目	鹎科	*Pycnonotus*	*aurigaster*		白喉红臀鹎	069
雀形目	鹎科	*Pycnonotus*	*jocosus*		红耳鹎	098
雀形目	鹎科	*Pycnonotus*	*sinensis*		白头鹎	072
雀形目	鸫科	*Turdus*	*mandarinus*		乌鸫	116
雀形目	花蜜鸟科	*Aethopyga*	*christinae*		叉尾太阳鸟	080
雀形目	鹡鸰科	*Anthus*	*hodgsoni*		树鹨	113
雀形目	鹡鸰科	*Motacilla*	*alba*		白鹡鸰	070
雀形目	鹡鸰科	*Motacilla*	*cinerea*		灰鹡鸰	103
雀形目	椋鸟科	*Acridotheres*	*cristatellus*		八哥	067
雀形目	椋鸟科	*Gracupica*	*nigricollis*		黑领椋鸟	093
雀形目	椋鸟科	*Spodiopsar*	*cineraceus*		灰椋鸟	104
雀形目	椋鸟科	*Sturnus*	*sericeus*		丝光椋鸟	115
雀形目	梅花雀科	*Lonchura*	*punctulata*		斑文鸟	076
雀形目	梅花雀科	*Lonchura*	*striata*		白腰文鸟	075
雀形目	雀科	*Passer*	*montanus*		树麻雀	114
雀形目	鹟科	*Copsychus*	*saularis*		鹊鸲	112
雀形目	鹟科	*Phoenicurus*	*auroreus*		北红尾鸲	078
雀形目	鹟科	*Prinia*	*flaviventris*		黄腹山鹪莺	101

续表

II　植物名称索引

续表

科名	学名	植物名称	页码
柏科	*Taxodium distichum* var.*imbricatum*	变种：池杉	193
大戟科	*Triadica sebifera*	乌桕	216
冬青科	*Ilex rotunda*	铁冬青	214
豆科	*Bauhinia × blakeana*	红花羊蹄甲	170
豆科	*Bauhinia variegate*	宫粉羊蹄甲	164
豆科	*Cassia fistula*	腊肠树	184
豆科	*Cassia surattensis*	黄槐决明	176
豆科	*Delonix regia*	凤凰木	160
豆科	*Erythrina crista-galli*	鸡冠刺桐	182
豆科	*Saraca dives*	中国无忧花	223
杜英科	*Elaeocarpus hainanensis*	水石榕	211
杜英科	*Elaeocarpus rugosus*	毛果杜英	197
鹤望兰科	*Ravenala madagascariensis*	旅人蕉	194
夹竹桃科	*Alstonia scholaris*	糖胶树	213
假槟榔	*Archontophoenix alexandrae*	假槟榔	183
金缕梅科	*Liquidambar formosana*	枫香树	158
锦葵科	*Bombax ceiba*	木棉	200
锦葵科	*Ceiba speciosa*	美丽异木棉	198
锦葵科	*Hibiscus tiliaceus*	黄槿	178
楝科	*Chukrasia tabularis*	麻楝	195
露兜树科	*Pandanus utilis*	扇叶露兜树	210
罗汉松科	*Nageia nagi*	竹柏	224
罗汉松科	*Podocarpus macrophyllus*	罗汉松	191
木兰科	*Michelia × alba*	白兰	149

续表

科名	学名	植物名称	页码
五加科	*Schefflera actinophylla*	澳洲鸭脚木	148
叶下珠科	*Bischofia javanica*	秋枫	207
银杏科	*Ginkgo biloba*	银杏	219
玉蕊科	*Barringtonia acutangula*	红花玉蕊	171
樟科	*Camphora officinarum*	樟	222
紫葳科	*Handroanthus chrysanthus*	黄花风铃木	174
紫葳科	*Jacaranda mimosifolia*	蓝花楹	186
紫葳科	*Kigelia africana*	吊灯树	155
紫葳科	*Radermachera hainanensis*	海南菜豆树	168
紫葳科	*Spathodea campanulate*	火焰树	180
棕榈科	*Caryota mitis*	短穗鱼尾葵	156
棕榈科	*Livistona chinensis*	蒲葵	205
棕榈科	*Phoenix sylvestris*	林刺葵	188
棕榈科	*Roystonea regia*	王棕	215
棕榈科	*Washingtonia filifera*	丝葵	212
常见灌木			225
柏科	*Platycladus orientalis*	侧柏	230
唇形科	*Clerodendrum japonicum*	赪桐	233
唇形科	*Holmskioldia sanguinea*	冬红	237
大戟科	*Codiaeum variegatum*	变叶木	228
大戟科	*Euphorbia cotinifolia*	紫锦木	293
大戟科	*Excoecaria cochinchinensis*	红背桂	245
大戟科	*Jatropha integerrima*	琴叶珊瑚	273
豆科	*Acacia podalyriifolia*	珍珠金合欢	281

科名	学名	植物名称	页码
千屈菜科	*Lagerstroemia indica*	紫薇	294
茜草科	*Gardenia jasminoides*	栀子	286
茜草科	*Hamelia patens*	长隔木	232
茜草科	*Ixora chinensis*	龙船花	266
茜草科	*Mussaenda 'Alicia'*	粉纸扇	240
茜草科	*Mussaenda erythrophylla*	红纸扇	249
茜草科	*Rondeletia leucophylla*	银叶郎德木	282
蔷薇科	*Rosa chinensis*	月季	284
茄科	*Brunfelsia brasiliensis*	鸳鸯茉莉	283
桑科	*Ficus lyrata*	大琴叶榕	236
山茶科	*Camellia azalea*	杜鹃叶山茶	238
山茶科	*Camellia japonica*	山茶	230
苏铁科	*Cycas revoluta*	苏铁	278
桃金娘科	*Eugenia uniflora*	红果仔	246
桃金娘科	*Syzygium campanulatum*	钟花蒲桃	287
天门冬科	*Cordyline fruticosa*	朱蕉	288
天门冬科	*Dracaena cambodiana*	柬埔寨龙血树	259
五加科	*Schefflera arboricola*	鹅掌藤	239
五加科	*Schefflera elegantissima*	孔雀木	265
小檗科	*Nandina domestica*	南天竹	272
玄参科	*Leucophyllum frutescens*	红花玉芙蓉	248
野牡丹科	*Tibouchina semidecandra*	巴西野牡丹	226
芸香科	*Murraya exotica*	九里香	264
紫草科	*Carmona microphylla*	基及树	254

续表

科名	学名	植物名称	页码
豆科	*Wisteria sinensis*	紫藤	379
蓼科	*Antigonon leptopus*	珊瑚藤	375
马鞭草科	*Petrea volubilis*	蓝花藤	371
葡萄科	*Cissus verticillate*	锦屏藤	370
葡萄科	*Parthenocissus tricuspidate*	地锦	368
使君子科	*Combretum indicum*	使君子	376
紫葳科	*Mansoa alliacea*	蒜香藤	378
紫葳科	*Pyrostegia venusta*	炮仗藤	374
常见竹类			380
禾本科	*Bambusa vulgaris* 'Wamin'	大佛肚竹	380
禾本科	*Bambusa chungii*	粉单竹	382
禾本科	*Bambusa ventricosa*	佛肚竹	383
禾本科	*Bambusa multiplex* var. *riviereorum*	观音竹	384
禾本科	*Bambusa vulgaris* f.*vittata*	黄金间碧竹	385
禾本科	*Bambusa textilis*	青皮竹	386
禾本科	*Bambusa multiplex* 'Alphonse-Karr'	小琴丝竹	387
常见水生植物			388
禾本科	*Arundo donax*	花叶芦竹	388
莲科	*Nelumbo nucifera*	莲	390
睡莲科	*Nymphaea nouchali*	睡莲	392
香蒲科	*Typha orientalis*	香蒲	394
雨久花科	*Pontederia cordata*	梭鱼草	393
竹芋科	*Thalia dealbata*	再力花	395